U0132030

顺其自然

二十四节气中的智慧

段春娟 著

青岛出版集团｜青岛出版社

图书在版编目（CIP）数据

顺其自然：二十四节气中的智慧 / 段春娟著. —青岛：青岛出版社, 2022.2

ISBN 978-7-5552-8615-8

Ⅰ. ①顺… Ⅱ. ①段… Ⅲ. ①二十四节气－普及读物 Ⅳ. ①P462-49

中国版本图书馆CIP数据核字(2021)第249119号

SHUNQIZIRAN　ERSHISI JIEQI ZHONG DE ZHIHUI

书　　名　顺其自然：二十四节气中的智慧
著　　者　段春娟
插　　图　杨　鹓
封面题字　袁朝霞
封面设计　姜海涛
出版发行　青岛出版社
社　　址　青岛市崂山区海尔路182号（266061）
本社网址　http://www.qdpub.com
邮购电话　0532-68068091
策划组稿　刘　蕾
责任编辑　翟宁宁
美术编辑　于　洁　李兰香
印　　刷　青岛乐喜力科技发展有限公司
出版日期　2022年2月第1版　2022年12月第2次印刷
开　　本　32开（890mm × 1240mm）
印　　张　6.75
字　　数　77千
书　　号　ISBN 978-7-5552-8615-8
定　　价　40.00元

编校印装质量、盗版监督服务电话　4006532017　0532-68068050
建议陈列类别：传统文化/散文随笔

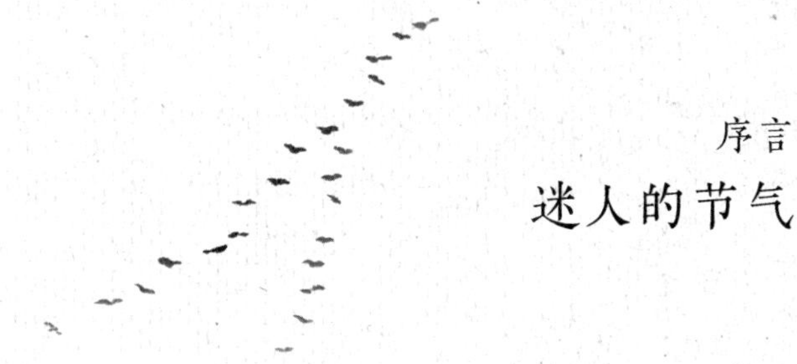

序言
迷人的节气

在老家时，常听见父辈们将节气挂在嘴边：“春打五九尽，春打六九头”“清明断雪不断雪”“秋后一伏热死老牛”“一场秋雨一场寒”等，真真是“百姓不念经，节令记得清”。节气为父辈们所运用，已融入生活，成为常识。在钢筋水泥丛林的城市，在生活节奏日趋加快的今天，节气有怎样的呈现？人们还能感觉到节气的存在吗？

2018年，我追随节气“跑”了一年，想跟着时令，体察一下身边的风物，并以随记形式做个记录。这一过程让我对节气有了更多体悟。节气是古人长期观察自然和从事农耕实践的智慧结晶，既体现了自然规律，又有着明显的人类童年时代的印迹，杂糅着对天地自然的美丽误读，散发着远古的文化气息。节气中潜藏着阴阳相生的辩证法则和天人合一的哲学思想，博大精深、玄妙无比。

展读这一古老的文明体系，眼前呈现的是瑰丽的自然图景、合于时令的民俗风情以及人与自然和谐共处的诸多画面。我们的先人正是踏着节气的韵律，“诗意地栖居”在大地上的。

节气是迷人的。

一、节气里有鸢飞鱼跃的自然图景

在古人的时间刻度里，以五日为候，三候为气，六气为时，四时为岁。一年二十四节气，凡七十二候。每一候对应着一种物候现象，即候应。七十二候应是古人对自然的更为细腻的观察及解读，内含草木荣枯、鸟来鸟往、兽类出没、蛰虫振俯、雷电虹霓的隐现等诸多图景。一年之中，这些自然现象迁移流变、消长有时，体现了春生、夏长、秋收、冬藏的自然规律。

二十四节气中有鸟的行止。古人早就发现鸟类的生活规律与寒来暑往有着密切的关系，经常以鸟类的迁移习性作为物候变化的标志。《左传·昭公十七年》有“玄鸟氏，司分者也”的记载：“玄鸟”即燕子；“司”，掌管。为什么由燕子“掌管”春秋二分？因为燕子是候鸟，春分飞回北方，秋分往南飞。对应节气物候，就是春分的“玄鸟至”，白露的“玄鸟归”——白露近秋分，对节气的解读不能过于绝对。

古书所载与节气物候相互印证，说明古人早就发现了燕子的迁徙规律。

鸿雁的南来北往也被视为时令更迭的重要参照，一年之中有四个节气的物候现象都以鸿雁来标识，即小寒“雁北乡”、雨水“候雁北”、白露“鸿雁来”、寒露“鸿雁来宾”，跨冬、春、秋三个季节，时序流转就这样体现在鸿雁的南来北往中。

春天来了，“候雁北”“仓庚鸣”“玄鸟至”“鸣鸠拂其羽”“戴胜降于桑”，一派莺歌燕舞。夏天，“鵙始鸣”，伯劳开始鸣叫；“鹰始击”——小鹰业已长大，开始练习搏击长空。秋天到了，“鹰乃祭鸟”“鸿雁来宾”，鹰开始大量捕获猎物以备过冬，大雁也飞往南方。在酷冷的小寒时节，“雁北乡”“鹊始巢”，先知先觉的鸟类已预感到阳气渐升、春天渐近，便付诸行动——大雁开始北返，喜鹊忙着筑巢……鸟类世界这般各有其性、“未雨绸缪”，令人怦然心动。

二十四节气中有兽的奔突。“獭祭鱼”，雨水时节鱼大量游动到水面，獭趁机捕捉，吃不完，就陈列在岸边，好像祭奉一般。“鹿角解”“麋角解”，夏至时阳气最盛，阴气始萌，属阳的鹿感阴而解角；冬至阴气最盛，阳气始萌，属阴的麋感阳而解角。霜降时节“豺乃祭兽”，豺狼大量捕捉兽类，将吃剩下的摆开陈列，好像在祭祀，实则积蓄体能以备御寒；大雪时“虎始交”，老虎已预知春天即将来临，开始有求偶表现了。

有花事：惊蛰“桃始华”，清明“桐始华”，小满“苦菜秀”，寒露“菊有黄华”。

有虫鸣：立夏“蝼蝈鸣”，夏至“蜩始鸣”，小暑“蟋蟀居壁”，立秋“寒蝉鸣”……

节气中，还有很多物候现象成对出现，体现了消长有时的自然节律。有早春的“东风解冻”，亦有夏季的“大雨时行”；有小暑的“温风至”，亦有立秋的“凉风至”；有立夏“蚯蚓出”，亦有冬至“蚯蚓结”；有春分“雷乃发声”，亦有秋分“雷始收声”；有清明“虹始见”，亦有小雪“虹藏不见”，等等。

节气中，“蛰虫”多次出现，从“始振”“坏户”到“咸俯”，反映的是从立春到秋分再到霜降的物候现象；也有对水的不同形态的观察——秋分“水始涸”，立冬“水始冰”，大寒时节“水泽腹坚”（冰层坚厚）。由“始冰”到“腹坚”，近三个月，“冰冻三尺非一日之寒”的道理在此得到生动阐释。

气象学家竺可桢先生在《物候学》中说：“花香鸟语统是大自然的语言，重要的是我们要能体会这种暗示，明白这种传语，来理解大自然，改造大自然。”《月令七十二候集解》，正是古人对大自然语言的谛听、解读及应用。节气中所描绘的七十二物候现象，生动、凝练、准确，呈现出诗画般的意境。诗画背后是古人对自然密码的破译，这个过程漫长而有韧劲，亦不乏哲思、诗情与浪漫。

二、节气里有对天地自然的礼敬与遵循

传统农耕社会，天人合一是至高理想，遵天道、顺天时是全民意识，更是国家层面的理念。上至天子、下到平民，礼敬自然都被视为基本的遵循。“不知四时，乃失国之基”，为君者，自当敬天保民，“使民以时”。由此形成了一整套按照时令行事的礼仪规范，这在《礼记·月令》中多有所载——每个月份的天象特点、物候现象，及所对应的乐律、祭祀、饮食、器具、宜忌等等。

对时令的遵循体现在对每个季节的迎接上。在每个季节开启之际，即立春、立夏、立秋、立冬四个节气，天子会率文武百官出城门迎接季节来临。根据当季盛行风向的不同，众人出不同的城门，分别迎春于东郊，迎夏于南郊，迎秋于西郊，迎冬于北郊，并有与之对应的仪式。迎春，“乘鸾路，驾仓龙，载青旗，衣青衣，服仓玉……”；迎夏，“乘朱路，驾赤骝，载赤旗，衣朱衣，服赤玉……”；迎秋，“乘戎路，驾白骆，载白旗，衣白衣，服白玉……”；迎冬，“乘玄路，

驾铁骊，载玄旗，衣黑衣，服玄玉……”。仪式前三日，天子要斋戒，做各种准备。据史料记载，太史有一项任务，就是在每个节气来临前，告知天子节气的具体日期、注意事项及相关礼仪等。

天子除了率百官迎春，还要“祈谷于上帝”，“天子亲载耒耜……躬耕帝藉”。天子手持农具亲事陇亩，昭示着国家层面对农耕的重视，亦有劝农的示范意义。

据载，宋时，宫内要“以梧桐树植于殿下”，等到“立秋”时辰一到，太史官便高声奏道：“秋来了。”奏毕，梧桐应声落下一两片叶子，以寓报秋之意。这样的仪式是不是很美？它颇具象征意味，虽有些牵强附会，却体现了古人对自然的顺应与虔敬。

此外，每年冬至祭天、夏至祭地，也是国家层面的大典；春分、秋分则分别举行祭祀日月的重大活动。《帝京岁时纪胜》有“春分祭日，秋分祭月，乃国之大典，士民不得擅祀”的记载。这些仪式都有非常考究的细节，庄严而神圣，表达了古人对天地自然的礼敬和虔诚。

这些隆重的活动，一方面彰显了天子“沟通天人”“奉天承命”的至高地位和绝对权威，更含有告知天下、“上行下效”“授民以时”、勿夺民时之深长意味，体现了传统农耕社会“以农为本”的思想。

三、节气里有合于时令的风俗画卷

品读节气文化，即展开了一幅幅风俗画卷。我们可以发现，几乎每个节气都有与之相应的风俗，先民们在这些风俗活动中向天地自然倾诉情感，表达诉求。

立春时节，上至宫廷下至民间都要举行“打春牛”（鞭春）仪式，这便含有春耕在即、不误农时的提醒意义；“咬春”则传神地表达了人们对春天到来、万物簇新的欣喜。

清明前后的上巳节（农历三月三），民间有踏青郊游、修禊、文人雅集等风俗，正合乎春和景明的时令特点及澡雪身心的需求。

谷雨时节有祭仓颉的习俗。仓颉造字惊天动地，“天雨粟，鬼夜哭”。概民智既开，人们已经意识到，种植和收获有赖于种植经验的积累和推广，而这正藉文字之功，故而要向文字始祖表示感谢，由“天雨粟”就慢慢演变成谷雨时节祭祀仓颉的习俗。小满时节，春蚕已结茧，正待采摘缫丝，相传这天为蚕神的诞辰，因此江浙一带有祈蚕节；《红楼梦》中所载芒种时节的饯花神风俗，缘于这一时节众花皆谢，人们借此表达对春将逝去的留恋，亦含有与春天告别的深长意味。

立夏时节的“称人”习俗是因“苦夏”而对身体所给予的格外关注；农历六月六的“晒衣节”、晒经书，是出于夏季炎热潮湿、以防霉变的需要；农历七月七的“乞巧节”（女儿节）源于对这一时节的夜空的观察与浪漫想象，以及对传统社会男耕女织家庭模式的美好期许。

中秋祭月是对庆丰收、祈团圆的表达，九月九的“登高”含有“辞青”之意，赏菊习俗也只属于秋令。

围炉夜话、赏雪赋诗、画梅消寒等等，是寒冬时节的消遣和雅事，同上述诸多风俗一样，都是在节气的背景下展开的人与自然的对话。

这些风俗，合于时令、因于地域，表达了人们对天地自然的感恩，对丰收的喜悦，和对未来的祝愿。所谓“文章合为时而著，歌诗合为事而作”，风俗亦是，古人的心随着自然的节律跳动。汪曾祺先生说，风俗是一个民族集体创作的生活的抒情诗。诚哉斯言。

千百年来，节气一直“活”在国人的生活中，人们正是踏着自然的节拍迎来送往、吐故纳新。今天，除了辅助农桑，节气更多体现为一种文化意义，我们从中认知过去，沟通古今和未来。一个个如期而至的节气，对现代人而言，也是一次次提醒，提醒我们遵循天道、顺时而为，感受自然中的诗意和美好。

2020 年 8 月 26 日完稿

（原载 2020 年 10 月 23 日《光明日报》）

目录

秋

冬

春

元日

宋·王安石

爆竹声中一岁除，春风送暖入屠苏。
千门万户曈曈日，总把新桃换旧符。

立春

春生之始

盼望着，盼望着，立春到了，春天的脚步近了。

立春是二十四节气之首，也是“四立”之首。四立，即立春、立夏、立秋、立冬。古书云：“四立者，生长收藏之始。”每一个带“立”字的节气都表示一个季节的开始，又分别开启万物生、长、收、藏之旅。立春又叫“开春”，是大自然一切生机的起点。

《月令七十二候集解》：“立春，正月节。立，建始也，五行之气往者过、来者续，于此而春木之气始至，故谓之立也。立夏、秋、冬同。”中国地域辽阔，各地进入某个季节的时间不一致，带“立”的节气往往不是一个季节的开始，而是上一个季节的尾声。就拿眼下来说吧，“立春”时节已到，但只有广东、海南等小部分区域有了春意，而大部分地区尚处于冬季，尤其东北，正处于“千里冰封，万里雪飘”之际，最北端的黑龙江往往要到谷雨、立夏时分才有春意。所以说“立”只是一个相对的概念。

在胶东老家，立春又叫“打春”。谚语“春打五九尽，春打六九头”，是说立春不是在五九的最后一天，就是在六九的第一天。为什么叫“打”？这可能源于鞭打春牛的习俗。在传统农耕时代，牛在农业生产中扮演着重要角色。冬季为农闲时节，牛也歇冬。立春以后，东风送暖，大地解冻，要为春耕做准备了。上至百官、下至民间，要举行“鞭春牛”仪式，意在提醒人们一年之计在于春，要抓紧春耕生产，莫误农时。鞭打春牛，意在跟牛说，要准备下田干活了。牛是

主要的生产帮手，农人当然舍不得真打，遂以泥牛代之。“打春”之说由此而来。这样的仪式古典、美丽，像一首抒情诗。人们对春天到来的欣喜，对新年的祝福与希望，都在这象征性的、审美化的“鞭打”中了。山西民间流传有《春字歌》：“春日春风动，春江春水流。春人饮春酒，春官鞭春牛”，唱的就是鞭春牛的盛况。立春不只是大自然新一轮回之始，也是农事之始，过了立春，人和牛都已做好了准备，就要开始新的耕耘了。

在古代，冬天漫长而难熬，人们盼春归的心情是急切的。从冬至起开始数九，数到五九尽或六九头，立春节气到。苦寒日子行将过去，怎不令人欢欣鼓舞！对古人而言，立春是可喜可贺的。这一天，天子要亲率百官出城，至东郊举行“迎春”仪式。在北方还有“咬春”的习俗。立春这天，家家户户生食萝卜、吃春饼，是谓“咬春”。春天可“咬”，多么传神有趣！以韭菜为主料，佐以芹菜、菠菜、豆芽、鸡蛋、粉丝等炒成合菜，以薄面饼卷而食之，就是春饼。初春新韭，除了美味，亦有生命长久之寓意；“芹”与“勤”谐音，含有勤劳耕作之意。这样一些习俗，既得时令之便，又简单真诚，寄寓了古人天人合一、顺应自然的美好愿望。

古人将立春的这段时间分为三候：东风解冻，蛰虫始振，鱼陟负冰。东风拂来，土地的冰冻层开始融化；冬眠的虫子感知到地面温度上升，身体由僵硬变柔软，开始慢慢苏醒；水底下的鱼儿也感受到温度的变化，开始游向水面，因水面上的冰尚未完全融化，鱼看上去是背负着冰块游动。

“律回岁晚冰霜少，春到人间草木知。便觉眼前生意满，东风吹水绿差差。”和一年当中最寒冷的日子告别，天气转暖，草木开始返青，春天正向我们款款走来。“五九六九，沿河看柳”，“五九六九”即立春前后。此时春风骀荡，柳线轻扬，怎不令人欣然畅然！

“江南无所有，聊赠一枝春。”雪虽未断，梅已绽放，就折得一枝寄予远方的友人，表达一下念想吧。看似不经意，其中蕴含了多么高雅的情趣！凡物尚早，凌寒开放的梅花因占得先机，自古便成报春使者，为历代文人墨客所看重。

在北方，随处可见的迎春花就要开了。《花镜》云：“迎春花一名腰金带。丛生，高数尺。方茎厚叶，开最早，交春即放淡黄花。”一花引来百花开，迎春花一开，百花齐放的春天就为时不远了。

虽说在节令上春天已然到来，但冬天的余威尚在，气温依然很低，冷空气说不定什么时候就来造访，不能心急。乍暖还寒，最难将息。记得小时候，母亲总会说打春前后要变天，棉衣服不能脱得太早，况且“清明断雪不断雪”呢。老人、孩子在打春前后，容易患感冒，想来多是天气冷暖无常的缘故。春天要捂一捂，是有道理的。所谓养生，首先要顺应自然，不知诸君是否以为然？当然，立春后变暖乃大势所趋，大自然的脚步是谁也阻挡不了的。

在古代，很长一段时间以立春为岁首，相当于春节。新中国成立后正式采用公历纪年，并以农历正月初一为“春节”，公历的 1 月 1 日则叫“元旦”。若立春时节恰逢大年初一，便叫“岁交春”。“百年难逢岁交春”，岁交春很难得——民间认为岁交春很吉利，预示着这一年会风调雨顺。

如今虽说生活方式已与农耕时代迥异，但春节仍是最重要的传统节日，在国人心中占据很重的分量。春节临近，在外奔波了一年的人们大多回家，与亲人团聚，尽享家的温暖。每逢此时，在火车站，在机场，都会看到涌动的回家潮。那么多人不辞劳苦、不远万里地往家赶，那场面真叫人心酸眼热。那或远或近、千难万难也阻不断的回家路，承载了远方游子的多少情愫，是说不清也道不明的。

春已“立”，收拾好心情，准备再出发。

春天是属于每一个人的。

春

早春呈水部张十八员外二首（其一）

唐·韩愈

天街小雨润如酥，草色遥看近却无。
最是一年春好处，绝胜烟柳满皇都。

雨水

润物无声

“七九八九雨水节，种田老汉不能歇。”

从雨水到惊蛰前的这段时间，对应的是七九尾、九九头和整个八九。“七九河开，八九雁来。”此时东风浩荡，冰河消融，候鸟北归，大地一派早春气象。《九九歌》中的物候现象与节气惊人一致，有时还可相互补充印证，总让我感叹古人智慧的了不起。

雨水节气在每年的 2 月 18、19 或 20 日。《月令七十二候集解》:“正月中。天一生水，春始属木，然生木者，必水也，故立春后继之雨水，且东风既解冻，则散而为雨水矣。”

雨水是表示降水现象的节气——冬去春来，天气转暖，降水形式由雪变雨。其实这只表示趋向，天气也是有偶然性的。“雨水非降雨，还是降雪期”，如果遇到倒春寒，下雪就更常见了。

一般说来，元宵节前后适逢雨水节气。有个谚语，“八月十五云遮月，正月十五雪打灯”，说的是节气之间的呼应关系——当年中秋节如果天空被云遮蔽，看不到中秋月圆，来年正月十五这天就会阴天或下雪。这个谚语不说“雨打灯”，也表明雨水节气下雪还是蛮多的。天气转暖，降雨虽是大趋势，但这种变化却常常是渐进的、螺旋式的，有进也有退，这和世界上万千事物的发展变化一致。

元宵节，又叫上元节、元夕、灯节。这是一年中第一个月圆之夜，也是一元复始、大地回春之夜。人们庆祝这个节日，是庆贺新春的延续。小时候在老家，母亲都要做豆面灯，

捏成十二属相的动物形象，到处照照——粮囤、鸡窝、猪圈都不错过，以祈愿新的一年五谷丰登、六畜兴旺。后来我上大学，离开老家，在城里安了家，有了女儿。女儿的元宵节没有豆面灯，取而代之的是趵突泉公园花灯会。那么多花灯，年年都有新花样，着实开眼。前两天，已然是高中生、放假在家的女儿却忽然幽幽地说：“其实小时候并不太乐意看花灯呢——每年看完花灯，就意味着要开学了。”谁说不是?元宵节是春节的尾声，过了元宵节，春节就彻底结束了，人们也各自归位，该干啥干啥去了。

这时节冰雪渐融，沉潜在水底的鱼儿浮出水面，水獭趁机大量捕食，一时吃不完，便都摆放在岸边，好像陈列祭品一般，这便是雨水时节特有的物候现象“獭祭鱼”。先有立春时的“鱼陟负冰”，才有雨水时的“獭祭鱼”，大自然充满神秘的联系，丝丝缕缕、环环相扣，生态系统得以良性维护和长存。

二候“候雁北”，三候“草木萌动”。时至“八九”，大雁从南方飞回北方，草木也感阳气开始萌发。

“肥不过春雨，苦不过秋霜。”作物返青、草木生发，都需要雨水的滋润，怎不盼雨来？大概是从小的生长环境使然，和父老乡亲一样，我对下雨怀有一种热切的感情和实用主义的态度：天公作美，雨下得适量、及时，内心就欢呼雀跃；若遇旱天，想到满地庄稼饥渴，心中便会隐隐着急。无论古代还是现代，风调雨顺的好年景都是令人期盼的。

且看诗人对春雨的描述：“渭城朝雨浥轻尘，客舍青青柳色新。”一场小雨下过，空气澄净湿润，柳色簇新，离别的人儿即将远行，满是不舍与祝福。一个“浥”字，超凡高妙！“天街小雨润如酥，草色遥看近却无。”因了细雨的滋润，刚刚冒出芽尖的小草，似绿非绿，似有若无，何等传神！沉郁敦厚的杜甫更是直截了当、直抒胸臆：“好雨知时节，当春乃发生。随风潜入夜，润物细无声。”

春雨的特点是滋润。春雨不像夏天的雨，稀里哗啦，来得快，去得也快。春雨是细细的，密密的，如牛毛，如细丝，

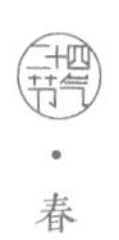

淅淅沥沥，慢慢都渗进大地，草木得以滋润、生长。

我们常提及的一个词“春风化雨”，是说好的教育、好的文化、好的环境像春雨一样，对人的改变是潜移默化、逐渐渗透的。汪曾祺先生在谈到文学的功能时，也曾说：“……好像一场小小的春雨似的，我说我的作品对人的灵魂起一点滋润的作用。”

文学的用处正在此。

和晋陵陆丞早春游望

唐·杜审言

独有宦游人，偏惊物候新。
云霞出海曙，梅柳渡江春。
淑气催黄鸟，晴光转绿蘋。
忽闻歌古调，归思欲沾巾。

惊蛰

万物复苏

天渐暖，阳气升，蛰伏在地底下冬眠的动物有所感知，开始苏醒，是为“惊蛰”。今年恰巧应时应节，昨日春雷滚过，春雨润过，今天就迎来“惊蛰”节气。

惊蛰是表示物候的节气，在每年的3月5、6或7日。《月令七十二候集解》：“二月节……万物出乎震，震为雷，故曰惊蛰。是蛰虫惊而出走矣。”

先人不只发现、确立了二十四节气，为节气所取的名字也个个鲜活生动！小时候听大人说到“惊蛰”，总是不解，以为是某个人突然被大黑蜂蜇了一下，受到了惊吓。真是想象丰富、离题万里，想来是不明就里，将“蛰”与“蜇”混淆了的缘故。

“蛰”有两层意思。一指动物冬眠，潜伏在土中或洞中不食不动的状态，“入蛰”“惊蛰”“东风解冻，蛰虫始振”“龙蛇之蛰，以存身也”中的“蛰”，都是这个意思。二喻人隐藏不出，如蛰居斗室、久蛰乡间。

蛰即藏。冬藏是大自然的规律，人与万物，此理一也。入蛰，不食不动，是动物界的“藏”；人之“藏”则复杂得多，衣食住行都要讲究，敛神凝气、养精蓄锐、含而不露，也都是在“藏”字上用功夫。夸张一点甚或可以说，“藏”是中国人的一种哲学。

“九九三天即惊蛰”，是说惊蛰处在九九的第三天前后。九九寒尽，“惊蛰”过后，大地回暖，一些动物苏醒过来，开始活动觅食，补充一冬身体的消耗。天气向暖虽是大势所趋，但还是不稳定，忽冷忽热，“二八月乱穿衣”中的“二月”指的正是这个时节。

惊蛰三候：桃始华，仓庚[注]鸣，鹰化为鸠。

“桃之夭夭，灼灼其华”，将要出嫁的女子有多美？就如那灼灼盛开的桃花。这是《诗经·周南·桃夭》中的句子，桃靥、桃腮、人面桃花……以桃夭比喻少女之美概始于此诗。“竹外桃花三两枝，春江水暖鸭先知。蒌蒿满地芦芽短，正是河豚欲上时。”惠崇《春江晚景》所画正是惊蛰时分的江边景致。

鸧鹒即黄莺、黄鹂，它是早春的标配。早在两千多年前的《诗经》里，就有“春日载阳，有鸣仓庚”“仓庚喈喈，采蘩祁祁”的记载。“草长莺飞二月天”“两个黄鹂鸣翠柳”，都表达了鸧鹒（黄莺、黄鹂）与早春同在的意思。还有那首有名的《春怨》：“打起黄莺儿，莫教枝上啼。啼时惊妾梦，不得到辽西。”闺中少妇，春思萌动，百无聊赖之际，也拿

注：仓庚，今作“鸧鹒”。

鸽鹏（黄莺儿）出气呢。

鹰和鸠本是两类鸟。仲春时节林木繁盛，鹰喙尚柔，不能捕鸟，不得食，古人便以为鹰因饥饿变化为鸠。这是古人的误读，也是节气产生于久远年代的一个例证。

二月二是惊蛰期间的传统节日。自古以来，有“二月二，龙抬头”的说法。这个说法来源于古老的天文学，在民间，人们认为，龙有呼风唤雨的本领，自此以后开始打雷下雨。民间还流传“二月二，龙抬头；大仓满，小仓流”的歌谣，以祈愿龙王保佑风调雨顺，五谷丰登。传统民俗节日总是合着节气的韵律，传递出对“天人合一”的企盼与祝福，是让人依然能感觉到的美好。

最顺应节气的是万物，最讲究节气的是农人。惊蛰过后，春耕农忙就开始了。好的生活方式，好的发展理念，一定是以遵循自然节律为前提的。人类把自己凌驾于自然之上，结果会怎样？各种温室效应出现了，极端天气现象频发……

一年有二十四个节气，一天是一年的缩影，一天二十四

个小时对应着二十四个节气：午夜零时对应的是冬至，一点对应小寒，两点对应大寒，三点对应立春，四点对应雨水，五点对应惊蛰……按自然规律，惊蛰时刻阳气上升，人该起床了。在我身边，如今只有依然生活在老家的父母能够做到这一点。他们日出而作，日入而息，早上天蒙蒙亮便起身，洒扫庭除或下地干活，而忙忙碌碌的城里人却很难做到——宅居、熬夜之后，有几人能够做到五时起身、顺应自然？

这样说来，真该感谢这一个个如期而至的节气。它们的作用不只是叫农人按时播种、收获，对现代人来说，它们更是一次次提醒，提醒我们尊重自然，顺时而为。

刚读到桑恒昌先生的一首小诗《惊蛰》，附于此，让我们一起来感受诗人笔下的时令之美吧：

春唤醒万物

谁

唤醒了春

是冰凌垂落的

第一滴泪

是脱了冬装

化缘的云

大雁鸣号管

小燕抚瑶琴

还有一颗颗种子

跳动的心

莫说没有雷霆

震悚灵魂

静是人间

最美的声音

春的拂尘

只一扫

便绿了乾坤

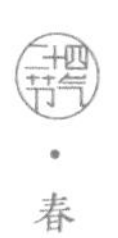

·
春

醉桃源·南园春半踏青时

五代·冯延巳

南园春半踏青时，风和闻马嘶。
青梅如豆柳如眉，日长蝴蝶飞。
花露重，草烟低；人家帘幕垂。
秋千慵困解罗衣，画梁双燕栖。

春分

新燕啄泥

在二十四节气中，最容易记住的就是“二分”（春分、秋分）和“二至”（冬至、夏至）。在这四个节气，太阳分别直射赤道和南北回归线，“二分”“二至”都是标志性的节点。若说节气是中国特产，这标示太阳运行轨迹的“二分”“二至”却是世界通行的。

古书《春秋繁露》载：“至于中春之月，阳在正东，阴在正西，谓之春分。春分者，阴阳相半也，故昼夜均而寒暑平。”

春分分的是什么？一是春天。从立春到立夏，整个春季三个月，春分处在中间。二是白昼和黑夜。春分这一天，太阳移至赤道，南北半球昼夜几乎均分。自此以后，太阳继续北归，北半球昼长夜短，夏半年开始了。

北半球有许多国家以春分为新年，庆祝春天到来，伊朗、土耳其、阿富汗都是如此。在我国古代，虽不以春分为新年，却也视这一天为重要节点，要举行隆重的祭祀活动。《帝京岁时纪胜》有“春分祭日，秋分祭月，乃国之大典，士民不得擅祀”的记载。

从大自然的实际情形看，立春、雨水、惊蛰这三个节气，更像春的铺垫和序曲，春分一到，春季才真正开始。春分以后，气温明显回升，春在枝头已十分。一切都欣欣向荣，万紫千红、莺歌燕舞的烂漫气象正向我们扑面而来。

春已过半，在我生活的地方，迎春花、杏花都已凋落，桃花也开过了。白玉兰开得正好，干净圣洁，在晴天丽日下，迎风轻摇，自有一种动人的美。校园里，有条小道种的全是白玉兰，不知是什么品种，有种独特的芬芳。花开的夜晚，在树底下走，闻着花香，踩着落英，不知身在何世。

柳芽已长大很多，鹅黄轻烟变为新绿，“昔我往矣，杨柳依依”说的正是此时吧。月季、蔷薇在早春时节冒出的暗红色嫩芽已长大变绿了。西府海棠的叶子翠生生一片，花骨朵缀在绿叶间，争着挤着要开。丁香花、紫荆花都已初绽，樱花也似开未开。差不多所有的树都已长出令人心动的新叶。举目看去，浅红、深红、淡紫、浓黄、鲜翠……满眼是这个季节独有的新鲜光景。

地上也铺了各色小花，紫花地丁的小紫花，蒲公英、苦菜的黄花，小小的白色荠菜花……都在微风中俯仰，展露生机。

菜市场上不再是白菜、萝卜一统天下，莴苣、新笋、春韭、小葱，还有荠菜、面条菜等野菜，都绿油油、娇滴滴的。任何一个角落里都能看见春的影子了。

春分三候：玄鸟至，雷乃发声，始电。

玄鸟即燕子。天气渐暖，燕子归来。“几处早莺争暖树，谁家新燕啄春泥。乱花渐欲迷人眼，浅草才能没马蹄”，说的正是春分时节。古人很早就发现燕子春分北归、秋分南飞的迁徙规律，故有“玄鸟司分”的说法——“司”即掌管，这句话是说燕子掌管着春秋二分。燕子以空中昆虫为食，北方冬季天冷，昆虫蛰伏，燕子就要迁往南方；惊蛰过后，“是蛰虫惊而出走矣”，昆虫出来了，燕子即可北归，筑巢繁殖。春半来，秋半归，古人对自然的观察就是这般细致入微。“翩翩双飞燕，颉颃舞春风”，燕子自古就是吉祥鸟，谁家来了燕子筑巢，都被看成好兆头。小区附近有家饭馆，墙壁上写有一联：“浪费就如河决口，节约好比燕衔泥。”每次看到这副对联，我都感觉很美好，很生动。

二候、三候为雷电现象。虽在惊蛰时分让人联想起惊雷、“雷始震”，但“雷乃发声”多在春分以后。雷电是春天到来的标志，若是在冬天出现，就是天气反常的表现了。

“九九加一九（算一下正是春分），耕牛遍地走。”春分以后，大规模的田间劳作开始了。人误地一时，地误人一年。春耕是头等大事，无论如何也误不得。

春分前后也是种树的黄金时节。“夜半饭牛呼妇起，明朝种树是春分。”不管城乡，都要多种树，真希望我们都能生活在绿树的环抱中。这几天我正盘算着把自家阳台上的花草倒腾一下，换换土，却为无土可换发愁。想起曾看过南帆先生写的《泥土哪去了》一文，大意是说人们生活在高楼林立的城市，周遭全是钢筋水泥，不接地气，泥土难觅。之前回老家，我曾动心思拉几袋子土回来，却终究没实现，一是车里没地方放，二是总觉得这样做有些离谱、夸张——从老家拉土，算怎么一回事呢？

《红楼梦》中宝钗因体内有从胎里带来的热毒，要服用“冷香丸”。这药方是秃头和尚给的古怪配方：要春天开的白牡丹花蕊、夏天开的白荷花蕊、秋天的白芙蓉蕊、冬天的白梅花蕊各十二两。将这四样花蕊，于次年春分这日晒干，和在药末子一处，一齐研好。又要雨水这日的雨水、白露这日的露水、霜降这日的霜、小雪这日的雪各十二钱，“把这四样水调匀了，和了药，再加十二钱蜂蜜、十二钱白糖，丸了龙眼大的丸子，盛在旧磁坛内，埋在花根底下。若发了病时，拿出来吃一丸，用十二分黄柏煎汤送下”。

四样花蕊为什么要在春分这日晒干？这大概是中医的讲究——春分时节不冷不热、不走极端，取其阴阳平衡、寒暑持中吧。

《红楼梦》的好看正在这无数的闲笔。一枚小小的药丸，凝结了一年四季的好花、节气信息、阴阳平衡的原理，雪芹先生花的心思多矣。可以想见整部书达到了一个怎样的美学高度！

无论如何，都要做一个热爱自然的人。

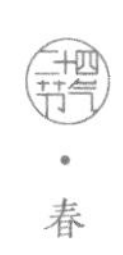

·

春

寒食

唐·韩翃

春城无处不飞花，寒食东风御柳斜。
日暮汉宫传蜡烛，轻烟散入五侯家。

清明

清明

气清景明

清明在每年的4月4、5或6日。此时，天地万物气清景明，是谓“清明”。《月令七十二候集解》：“三月节……物至此时，皆以洁齐而清明矣。”我特别喜欢这“清”字。清澈、清爽、清洁、清静、清幽、清雅、清正……还有神清气爽、冰清玉洁、月白风清等等。我给女儿起名“清清”，其中也有些美意存焉。

红学大家周汝昌先生曾言：凡从“青”的字，都表最精华的含义。“精”本米之精，又喻人之精；“睛”乃目之精；

“清”乃水之精；“晴”乃日之精；“倩”“靓”也都表示精神所生之美。而“情”，是“人之灵性的精华也”。他认为，整部《红楼梦》，“大旨谈情”。我读《红楼十二层》至此，深感这解释入心。从文化、情感入手，相比索隐求证，更叫人乐于接受。天生一部杰作，是让人品读鉴赏的，知人论世固然重要，对文本的品读还是应排在第一位的。

一年中不知还有哪个节气能如清明这般，兼具自然和人文的双重意味，既表物候自然之美，又承载浓郁的民俗风情。

寒食节、上巳节都在清明前后。寒食节相传为纪念春秋时代的贤士介子推自焚于绵山而设立，这一天禁火、吃冷食，故曰“寒食”。清明节慎终追远、感念先人的传统不知是否与此有关。上巳节，即农历三月的第一个巳日，因阴历的这一天不固定，自魏晋后，定农历三月三为上巳节。历史上有名的兰亭雅集就在这一天举行，为的是“修禊事也”。“修禊”是一项传统民俗活动，人们来到水边洗濯，以达预防疾病、消灾祈福的目的。后来文人参与其中，这水边的“修禊”就演变成踏青郊游、畅叙幽情的良机了。“是日也，天朗气清，惠风和畅。仰观宇宙之大，俯察品类之盛，所以游目骋怀，足以极视听之娱，信可乐也。”（《兰亭集序》）如今，清明、寒食、上巳三节几近合而为一，这些民俗活动也都成为清明的应有之义。

想来任何节日习俗，都和地域以及大自然的流转息息相关。漫长寒冬已过，春江水暖，到河边来一番洗濯，既是身体上的需要，也是精神上的需要。所谓“澡雪精神”正是此意吧？处处莺歌燕舞，满眼桃红柳绿，天地一派清新，怎能止住走出家门来到郊野的脚步？

“溱与洧，方涣涣兮。士与女，方秉蕑兮。女曰：‘观乎？’士曰：‘既且。’‘且往观乎？’洧之外，洵讦且乐。维士与女，伊其相谑，赠之以勺药。”（《诗经·郑风·溱洧》）两千五百多年前的春天，溱水、洧水碧波荡漾。上巳节这天，少男少女相伴春游。姑娘说：“去看看吧？”小伙道：“已经去看过了。”“再去一次嘛！”洧河岸边，宽广又热闹。

纯情的少男少女，嬉笑玩耍，互赠芍药。诗歌记下了这个春天的节日，也记下了青春的美好。

民俗学者考释：上巳节是中国古老的情人节，比西方的圣瓦伦丁节早了数百年。

三月三踏青，九月九辞青，传统习俗就是这般踏着自然的节律延续至今，古人更因袭这些习俗，在大地上栖居生息。前几天看了一个视频，清华大学人文学院彭林教授讲解“国家元气，全在风俗”，深以为然。好的风俗应该世代传承下去，它是一个民族的文化根脉，滋养、塑造着国民的精魂。

年幼时在老家，清明节隆重热闹的程度仅次于春节：要上坟，吃煮鸡蛋、蒸面燕等，还有村民集体活动——打秋千。一直不明白为什么清明节早上要煮那么多蛋，直到读了这样一则资料才释然：“相传简狄吞玄鸟之卵，孕而生契，是为商之始祖，因此被后人奉为高禖神，司管婚育。上巳节主祭此神，临水浮卵即为其主要活动，将煮熟的鸡蛋放在水中任其漂流，拾到者食之，以求可育子嗣。所谓‘长安水边多丽人’，想必丽人们也是去举行类似的祈祷活动。浮卵后衍为浮枣，再衍为曲水流觞。”（《花开未觉岁月深》）大约后来慢慢演化，就只剩下煮蛋了，“临水浮卵”不知终于何时。

小时候在老家，清明节还有一习俗，女孩子头戴绢花、插柏枝。绢花多数用彩色皱纹纸做成，中间卷以细铜丝，便于插戴，一般由大人提前赶集买下。柏枝是清明一大早现从柏树上掐的。新掐的枝子有股浓郁的松柏香味，很好闻。柏枝和绢花一起插在发辫上，也算是“簪花插柳”了，想来也正应和了大自然万紫千红的春天。做面燕的习俗大约也与春三月燕归来的自然节律相关。

如今清明节虽有了法定假期，却难觅当年的味道。村人集聚荡秋千的热闹场景已不复见，如今再也没有什么活动能集聚那么多村人了。现代社会衣食丰足，快乐却好像并未递增。大家各怀心事，各有忙碌，东奔西赶，没了农耕时代的那份悠闲，也寻不到那份单纯的快乐了。

清明时节已是暮春，早开的各色花儿都已谢落。眼下，开得正好的是晚樱，一树一树的粉霞，盛况也不过三五天，然后就落英满地了。青春易逝，美好的总是短暂的。哪里像严寒的冬天，闭门塞户，数九消寒，度日如年。每个春天仿佛都过得格外快！“惜春”真是人之常情啊。

清明三候：桐始华，田鼠化为鴽，虹始见。在属于清明节气的十五天里，先是桐花开了；继而田鼠因阳气盛而躲藏不见，取而代之的是随处可见的鹌鹑之类的小鸟，古人便以为小鸟是由田鼠化成的；“清明断雪”，清明之后雨水增多，雨后多见彩虹。古人认为，虹乃阴阳交会之气，纯阴纯阳则无；若云薄漏日，日照雨滴，则虹生。

想起《清明上河图》。多年来对此画的认识，只道展现的是清明时节大宋王朝的市井繁华。近来又读到别样解析，有人透过画面的一些不和谐因素，读出曲谏的深意。那“清明”也非清明节，而是指清明盛世。伟大艺术之多解，于此可见一斑。一切历史都是当代史。研究历史，不只是钻故纸堆，有多少人在借古喻今，借他人之酒杯，浇一己心中之块垒。

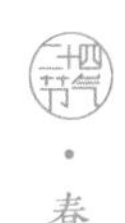

古为今用，大概便是此意吧。

给母亲打电话，母亲说老家院中的那棵杏树，花开得正好。而济南，杏花已落尽。“十里不同天”，何况七八百里。老家的节气和济南要差半个月光景。

“清明前后，种瓜点豆。”也有的地方说，“谷雨前后，种瓜点豆。”节气是活的，因地而异。

乡村四月

宋·翁卷

绿遍山原白满川，子规声里雨如烟。
乡村四月闲人少，才了蚕桑又插田。

谷雨

雨生百谷

当和风吹来，粉色的樱花雨洒落一地。当满眼翠绿取代万紫千红，春将归去，谷雨节气就到了。

谷雨是春季的最后一个节气，在每年的 4 月 19、20 或 21 日。《月令七十二候集解》：“三月中，自雨水后，土膏脉动，今又雨其谷于水也……盖谷以此时播种，自上而下也。”谷雨之名由此而来。

从早春的“雨水”，到暮春的“谷雨”，两个节气都含“雨”

字，状态却大不同。早春时节，天气乍暖还寒，落的是冷雨，小雨如丝，雨后结冰也是常见的。历时两个月至谷雨，时序已是春末，气温趋稳，雨量充沛，最利于农作物的播种及生长，故曰“雨生百谷”。“谷雨”之名同时表示农时及降水，也可见节气与农事的相关度之高。

“清明断雪，谷雨断霜。”有霜期自霜降节气始，至来年谷雨止，在北方整半年。谷雨节气的到来意味着寒潮天气结束，气温回升加快，这也是播种移苗、埯瓜点豆的最佳时节。在老家胶东一带，谷雨过后，若土壤湿度适宜，人们就要抢种花生了。

可巧天气预报明日有小雨，后天还有中雨，“春雨贵如油”，也是天遂人意了。近些年来，我国北方雨量总是偏少，旱情时时出现，盼雨也成为一种普遍的心态。季羡林先生曾写过一篇《听雨》，文中言及听雨时的唯美、盼雨时的急切以及落雨时的欢欣：“我想到的主要是麦子，是那辽阔原野上的青青的麦苗。……我血管里流的是农民的血……即使我

长期住在城里，下雨一少，我就望云霓，自谓焦急之情，绝不下于农民。……”这份情怀，于我心有戚戚焉。“谷雨”时分落下雨来，才算天公作美，也才算名副其实的“雨生百谷”呢。

在有些地区，谷雨时节还有祭祀文字始祖仓颉的习俗。古人已经意识到，粮食的生产不只靠天降雨，种植经验的积累和传播也很重要，而这些都藉文字之功。文字产生之后，利用间接经验就可获得丰收了。可见，节气不只顺应自然，也体现了自然和人文的统一。

谷雨三候：萍始生，鸣鸠拂其羽，戴胜降于桑。

雨量增多，池塘水满，浮萍开始生长。浮萍悬浮水中，随风来去，常有身世飘零之兴寄。曹丕《秋胡行》中有“泛泛绿池，中有浮萍。寄身流波，随风靡倾”句。

“鸠”即布谷鸟（也有人说是斑鸠），又名大杜鹃、子规。“拂羽飞而翼拍其身”，此时能听见布谷鸟的叫声，看见其振翅而飞了。奇怪的是，我从未见过布谷鸟，都是只闻其声，不见其形。这个时节，在我上班的校园里偶尔能听见布谷鸟的叫声。校园东北面一墙之隔是鳌角山，声音是从那边传来的。“布谷布谷”的叫声时断时续，说是催人播谷，于我却有种梦回千古的苍茫感。忆及当年高考前夕，有一同学甚用功，晚上熄灯后还打手电筒学习，床边贴一纸条：“子规夜半犹啼血，不信东风唤不回。”三十多年过去，青春已逝，岁月不再，大概苍茫感源于此吧。

戴胜，鸟名，头部羽冠长而阔，展开时像扇面，像鸟儿戴了头饰。戴胜在长江以北为候鸟，谷雨时分飞回北方，在桑林间繁衍生息。我国古代为农桑大国，庭前屋后，桑树随处可见。“狗吠深巷中，鸡鸣桑树颠”，戴胜鸟在桑树间起落，亦成为这一时节常见的景致。

此时，牡丹开得正好，所以牡丹又叫“谷雨花”。济南泉城公园牡丹盛开之际，赏花人摩肩接踵、络绎不绝，“春风拂槛露华浓”，谁不想一睹芳容呢？好花不常开，好景不常在，人们叹春、惜春、赏春，诗酒趁年华。

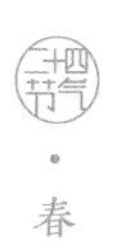

想起昆曲《牡丹亭》开头那几句：“原来姹紫嫣红开遍，似这般都付与断井颓垣。良辰美景奈何天，赏心乐事谁家院……朝飞暮卷，云霞翠轩，雨丝风片，烟波画船，锦屏人忒看的这韶光贱……”这情景，想来也是暮春时节。戏台上，摇摇曳曳的不只是旖旎春光，更有那暗转的流年、难言的情愫，真真是万般情致，唯美动人。

春天的尝新可一直持续到谷雨。草木吸收天地之气，积攒了一冬的能量，最纯正地道的滋味都凝结在这头茬的花叶里了。在北方，谷雨前后的香椿头鲜香无比，别具风味；在南方，谷雨茶亦得节气之佳妙。“清明见芽，谷雨见茶”，清明节前采摘的茶叶称明前茶，芽叶嫩小；待到谷雨时，小芽长成鲜叶，便于采摘加工，味美形佳，为茶中佳品。古书云：“谷雨前采茶，细如雀舌，曰‘雨前茶’。”一杯谷雨新茶，尽得天然之趣，诸般滋味就在其中了。

在济南，节气来得早，谷雨时节槐花就开了。满树白雪，清香扑面。早市上多见卖槐花的，我都要买些回家，烙槐花饼、包槐花包子，这每年例行的尝鲜，断然少不了这一口的。

“惜春长怕花开早，何况落红无数。春且住……”

春天能留得住吗？

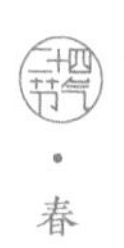

春

夏

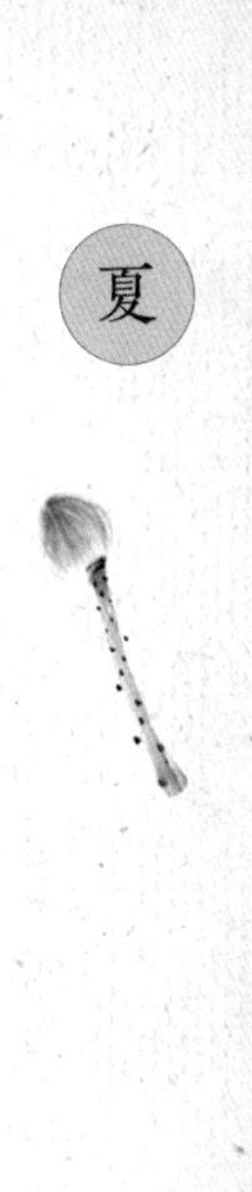

初夏绝句

宋·陆游

纷纷红紫已成尘，布谷声中夏令新。
夹路桑麻行不尽，始知身是太平人。

立夏

万物葱茏

“林花谢了春红，太匆匆。”

转眼又是立夏节气。夏季的序曲奏响，万物葱茏、蝉鸣蛙叫的夏天就要到了。

顺着一个一个节气走，恍惚感觉日子是半月半月地袭来，快得如排山倒海。总是还没准备好，下一个节气就来了。

之前未曾留心这“夏”字，想当然地以为夏就是夏天，春夏秋冬一年年地走过，习焉不察，谁还去抠这个字眼呢？

这次因关注节气，把《辞海》都搬出来了，“立夏”条引《月令七十二候集解》：“立字解见春（立春）。夏，假也，物至此时皆假大也。”通俗点讲就是万物至此时都会长大。

查了《说文解字》：夏，原义“中国之人”，引申义为“大”。也有人说，若从最初字形上来看，夏之初义应为“大”。比《说文解字》更早的《尔雅》亦云：“夏，大也。万物至此皆长大。”可见，“夏”描述万物在夏天皆长大这一特征。

春生夏长，若说春天是萌芽状态，夏天就是疯长阶段。万物葱茏郁茂，较之前的娇嫩春色，别具一番繁盛情状。

立夏时分，绿色是主调，也不乏花的点缀，那是蔷薇科的天下——月季、玫瑰、蔷薇，都在此时竞相绽放。

最触目的是月季花。墙根、街角，一丛丛、一簇簇，其颜色之丰、风姿之娇，着实令人惊艳。月季花花期长，能开至老秋，又叫“长春”，然立夏时节的头一茬，最为楚楚动人，是将积攒了一冬的能量都释放出来了。

玫瑰花也开了。玫瑰全身是宝，李渔《闲情偶寄》言其

“可囊可食，可嗅可观，可插可戴……花之能事，毕于此矣”。谁说不是？玫瑰花茶、玫瑰酱、玫瑰花饼，无不风味绝佳，还有那可安神助眠的玫瑰精油……平阴是玫瑰之乡，离得并不远，我总想趁着花开时去看看，可这么多年还没去成，也不知整天忙些什么。

常见的还有蔷薇，多种在篱笆墙根处，花色繁多，花开时挤挤挨挨，声势动人。略晚些的是荼蘼[注]，“酴醾不争春，寂寞开最晚”。荼蘼开毕，春天的花事基本结束，春天也就过完了。这是令人怅惘的。《红楼梦》第六十三回“大观园群芳开夜宴”，麝月抽到的签上就写着“开到荼蘼花事了”，这似也预示着大观园“韶华胜极”，开始走向没落。

立夏时节开的花还有芍药。“芍药次牡丹开，犹是春花之殿。”若说牡丹是“谷雨花”，芍药就是立夏花了。在好多地方，芍药的花期在小满时节，在济南，却在立夏时开得最好。节气也因地而异。想起“憨湘云醉眠芍药裀”的绝美，

注：荼蘼，古籍中作“酴醾”。

同“黛玉葬花”一样，都属《红楼梦》中的经典意象，湘云娇痴美好的个性也于此可见。

风物的美，在于多样。“春有百花秋有月，夏有凉风冬有雪”，每个季节都值得好好珍惜。

早春时节，菜市场上随处可见的是各种芽菜，如今见到果子了。杏子、樱桃、桑葚、甜瓜、桃子，都下来了。民间有“立夏见三新”之说，“三新”就是指这个时节可以尝到的新鲜蔬果。只要在时令上自然成熟的果实，无不保有其本真纯正的味道和养分，滋养着一方土地上的子民。只是如今运用催熟剂等，果子都提前多日就下来了，这是叫人多少有些疑虑的。科技再发达，不违自然、不违农时，都应是起码的遵循吧？这是我理解的“绿色发展”的应有之义，不知到底对不对？

立夏三候：蝼蝈鸣，蚯蚓出，王瓜生。蝼蛄声、蛙声处处可闻，蚯蚓感阳气而出，王瓜也长出来了。热热闹闹、火辣辣的夏天已近在眼前。

立夏节气在古代颇为隆重。这一天，天子要率百官出南郊迎夏。《后汉书》载："立夏之日，迎夏于南郊，祭赤帝祝融。车旗服饰皆赤。歌《朱明》，八佾舞《云翘》之舞。"迎夏的队伍要穿赤色的衣服，连车马旗子也通通是赤色的，以与赤日炎炎的夏季相配。

在民间，立夏有称人习俗。等到立秋时再称一次，看看整个夏季熬过，体重是增了还是减了。夏天食欲不振，容易"苦夏"，加上食生冷较多，容易引发肠胃不适，称体重，实为做到心中有数，以随时调整饮食起居。古典而生动的仪式，寄寓的是人们对健康的关注和对生活的美好期望。

立夏标志着夏季的到来，可这只是象征性的。我国南北方气候差异很大，南方夏季已至，东北、西北才刚迎来春季。"人间四月芳菲尽，山寺桃花始盛开。"这差异同样适用于南北方的气候。

前几天打电话，母亲说老家麦子已一尺多高了。眼前浮现一片风吹麦浪的景象，望乡，就在不经意中……

立夏以后，日照增加，气温升高，雷雨增多，农作物进入了苗壮成长的阶段，田间管理也日益繁忙起来，正所谓“立夏三朝遍地锄”。稼穑艰难，其间的辛苦可想而知。从小在农村长大的我，对此是深有体会的。

如今我虽说无缘农事，却也忙碌。正逢周末，忙着洗衣、收衣。夏天到了，要把冬衣收好。屋子里飘着樟脑球的味道。

夏

小满

宋·欧阳修

夜莺啼绿柳，皓月醒长空。
最爱垄头麦，迎风笑落红。

小满

生命拔节

“花落水流红”，春去也。

5月20、21或22日是小满，这是夏季的第二个节气。《月令七十二候集解》：“四月中。小满者，物至于此小得盈满。”

小满是表示物候的节气，表明谷类作物生长的一个阶段。为说明“小满”状态，先来区分几个概念。这大概属于植物学的范畴，我认识不清，因此专门查阅了相关资料。

灌浆期：禾本科作物开花受精后，茎、鞘、叶内的营养物质向正在发育的籽粒输送并在籽粒内积存的生育时期。可分为乳熟期、黄熟期和完熟期三个阶段。

乳熟期：禾本科作物籽粒灌浆充实的第一阶段。此时籽粒呈绿色，籽粒内含物呈乳白色浆液，含水量在 50% 以上；植株中上部的茎、叶和穗均呈绿色。

黄熟期，即蜡熟期，是禾本科作物籽粒灌浆充实的第二个阶段。籽粒开始由绿转黄，随着干物质的增加和含水量的下降，胚乳由黏滞状转而呈蜡状。至黄熟后期营养物质的累积基本结束，种胚已发育完全，种子含水量降至 20% 左右，进入收割期。

…………

“小满”约对应乳熟后期，离最后的成熟还有一段时间。此时中国北方夏熟作物的籽粒逐渐饱满，但只是小满，尚未大满。“小满”之称是不是很传神？

节气名称中有表示降水现象的“雨露霜雪”；有表示冷热程度的“寒暑”等；“小满”和“谷雨”“芒种”则表示

物候，都与农作物生长相关，可见节气与农业生产的关联是很紧密的。

处在农耕时代的先人最懂天人合一的道理，稼穑渔猎都遵循自然之道，“不违农时，谷不可胜食也；数罟不入洿池，鱼鳖不可胜食也；斧斤以时入山林，材木不可胜用也”。地球是人类的家园，这从来都不是一句空话，顺应并善待自然，家园才能美好如初。“绿水青山就是金山银山”，新时代的绿色发展理念体现了天人合一、善待自然的思想，是对古人智慧的继承与发展。

“麦穗初齐稚子娇，桑叶正肥蚕食饱”，说的正是小满时节。此时无论北方还是南方，农业生产都很忙碌。在北方，“小满不满，麦有一险”，是说小满时节若遇热风、干旱、肥力不足等，会导致灌浆不足、籽粒干瘪，小麦减产，因此施肥、灌溉都要跟上。在南方，春蚕已完成结茧，人们要为缫丝做准备了。“小满动三车”，“三车”是指水车、油车、丝车。小满以后，三车都要动起来，灌溉、榨油、缫丝，男耕女织，一幅生动的劳动图。

这时节，北方暖和却不热，尚处在初夏的美好中，草木繁茂，仍有嫩绿之意，花虽多已零落，却还有石榴花开得正好，如火似霞。“五月榴花照眼明”，石榴花是属于五月的。楼底下花坛内长了棵小枣树，米粒般大小的黄花缀满枝头，安静清幽，一如这初夏的光景。

杏子、樱桃及各种甜瓜大量上市。南方的杨梅、荔枝也已上市，都是空运过来的。如今要想尝鲜，距离已不再是问题。遥想千年前，嗜食荔枝的杨贵妃为满足一己之欲，不知动用了多少人力物力。“一骑红尘妃子笑，无人知是荔枝来”，诗中寄寓多少反讽和无奈啊。过去特权阶层才可享用的南方水果，如今都已进入寻常人家了。

小满三候都以植物为主角：苦菜秀，靡草死，麦秋至。“秀”指谷类植物抽穗开花，有个词“苗而不秀”，即指只长苗不开花。孔夫子叹曰：“苗而不秀者有矣夫！秀而不实者有矣夫！”庄稼有长了苗却不吐穗扬花的，也有开了花却

不结果的。有学者认为孔夫子这句话是叹惋爱徒颜回英年早逝、未尽其才的。

此时山野间遍地都是盛开的黄色苦菜花，一片片，迎风俯仰，自在风流。有人说“苦菜秀”中的“秀”当作“荣”讲，意谓长得茂盛，正当食用。以我的认识，采食苦菜当在早春时。到底哪种说法更精准，有待细考。“靡草死”，是指纤细瘦弱喜阴的小草，因不耐高温和暴晒而枯萎。“麦秋至”是指麦子快要成熟了。“秋者，百谷成熟之期，此于时虽夏，于麦则秋，故云麦秋也。”在现实生活中，却有不少人把麦秋当成秋天，如此缺乏常识，只能说远离自然、不接地气了。

小满十天见麦黄，有些地方小满后期就要收麦了。在我老家胶东一带，夏季来得晚一些，割麦要到芒种以后。这个时候的麦穗黄中带绿，正适合烧着吃。麦穗带秸掐断，放在火中烧，火候到，取出放凉，在双手中对搓，吹去芒，手心内只余泛着绿意的麦粒！这是我小时候常干的事。新麦的独特清香、无忧懵懂的童年，都在其中了。

节气中有“小满”无“大满”，有人说体现了中国人的哲学，正如《菜根谭》所言：“花看半开，酒饮微醉，此中大有佳趣。若至烂漫酕醄，便成恶境矣。履盈满者，宜思之。”水满则溢，月圆则亏，这是自然之道，亦是人生哲理，“小满”节气的命名蕴含着丰富的人生智慧呢。

若把人比作草木，“小满”阶段应该指青春期前后，此时身体和精神都处在快速发育期，正是精力饱满、接受能力极强的时候。精神、身体都在拔节，需要补充大量有营养的物质和精神食粮，补充不及时或质量不佳，会导致发育不良。所以，对孩子来说，良好的家庭及学校教育环境尤为重要。

二十四节气
·
夏

约客

宋·赵师秀

黄梅时节家家雨，青草池塘处处蛙。
有约不来过夜半，闲敲棋子落灯花。

芒种

亦稼亦穑

“流光容易把人抛，红了樱桃，绿了芭蕉。”流年暗转，不经意间，词句撩拨人心。

丰子恺先生画过一幅同题漫画：红樱桃盛在高脚素盘中，窗外几叶芭蕉，一支烟兀自燃烧，烟气袅袅上升……画面恬淡幽然，有种安静的美。

芒种时节最应此景。

芒种是夏季的第三个节气，在每年的6月5、6或7日。

芒种开启“仲夏之梦”，炎炎夏日正在来路上。

“芒种”一词最早见于《周礼·地官》：“泽草所生，种之芒种。”意谓长草的水田，都可以种植有芒作物，“芒”指某些禾本科植物籽实外壳上的针状物。南唐徐锴解说《说文解字》，释麦谷为“芒种”。芒种时分，大麦、小麦等有芒作物已经成熟，谷黍类作物开始播种。《月令七十二候集解》：“五月节。谓有芒之种谷可稼种矣。”

芒种是亦稼亦穑的农忙时节。“杏子黄，麦上场，栽秧割麦两头忙。”收和种都要抢时间，正所谓“春争日，夏争时”。“收麦如救火，龙口把粮夺”，收割不及时，遇大雨等灾害，都会导致功亏一篑。播种不及时，也会减产。种得及时，才能保证农作物有足够的生长时间，“芒种栽薯重十斤，夏至栽薯光长根”。所以，芒种又常被写成“忙种”，夏收、夏种及春播作物田间管理都集中在这一时段，芒种是实实在在的大忙之季。

“芒种后见面”，是指芒种以后新小麦的面磨出来，人们开始享受劳动成果，青黄不接的难挨日子过去了。天道酬

勤，这是上天对劳动的肯定啊。芒种这个节气，浓缩了耕耘的全部内涵和意义，丰收的喜悦、劳作的辛苦、对未来的期盼，都在其中了。

“夜来南风起，小麦覆陇黄。”麦田黄澄澄一片，就要收割了。因地理、环境等诸多因素的影响，各地麦收时间也不尽相同。在我的老家胶东一带，麦收是在芒种以后，济南要早半个月左右。若从全国范围来看，从南到北，整个麦收过程大约要持续一个多月，跨两三个节气。

农耕时代，割麦是重体力劳动，要趁好天气，跟时间赛跑，简直就是打一场硬仗。“妇姑荷箪食，童稚携壶浆。相随饷田去，丁壮在南冈。”以前中小学生都要放麦假，进城务工人员这几天也要回家“过麦”，可谓全家老少齐上阵。如今收麦用联合收割机，想来不用那么辛苦了，但依然要抢时间。长势再好，也得风调雨顺，才能颗粒归仓、天遂人愿。所谓好年景，正是此意了。

芒种时节正逢江南梅雨天气，有句诗：“麦随风里熟，梅逐雨中黄。”梅雨期一般持续一个月左右，等梅雨期结束，梅子也就黄熟了。

黛玉第二次葬花是在芒种节这天。《红楼梦》中说，芒种节的风俗是祭饯花神，因为古人认为，芒种一过，便是炎炎夏日，众花皆谢，花神退位，需要饯行。恰巧头天晚上黛玉去找宝玉，吃了闭门羹，怎不伤感？黛玉一腔无名幽怨尚未发泄，又勾起伤春愁思，收拾些残花落瓣去掩埋，不由得感花伤己：

> 花谢花飞花满天，红消香断有谁怜？
> 游丝软系飘春榭，落絮轻沾扑绣帘。
> 闺中女儿惜春暮，愁绪满怀无释处。
> 手把花锄出绣闺，忍踏落花来复去。
> 柳丝榆荚自芳菲，不管桃飘与李飞。
> 桃李明年能再发，明年闺中知有谁？
> …………

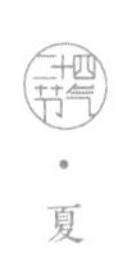

黛玉这次葬的可能是石榴花、凤仙花。何以见得？书中借宝玉说出：宝玉正寻黛玉，“因低头看见许多凤仙石榴等各色落花，锦重重的落了一地”。

《红楼梦》中黛玉两次葬花。第一次是在初春时分，桃花谢落，宝玉说撂到水里，让其顺水飘走，黛玉不同意，说这样遇到有人家的地方，脏的臭的混倒，会把花糟蹋了，不如扫了装在绢袋里，葬在花冢中，拿土埋了干净。黛玉多愁善感、冰清玉洁之性情于此可见，也为后来芒种时节葬花埋下伏线。“黛玉葬花”是千古绝美的意象，天才的雪芹先生，在诸多方面把《红楼梦》推至顶峰，每每令人叹为观止。

“簌簌衣巾落枣花，村南村北响缫车，牛衣古柳卖黄瓜”，对应的也是这个时节。枣树“立夏枝叶长，小满刚开花。芒种到夏至，枣花开满树”，那枣花必也边开边落，若树下正好有衣袂飘举的人儿路过，花落衣襟，多美的一幅画！“缫车”即江南地区抽丝的工具。芒种到，江南人家忙于抽丝。

小满时节开始的“动三车”，延续到芒种了。劳动是辛苦的，劳动也是美丽的。

芒种三候：螳螂生，鵙始鸣，反舌无声。鵙，即伯劳，五月始鸣；反舌，鸟名，百舌。在古人看来，伯劳和百舌是善鸣之鸟的两类典型代表，伯劳因阴气微生而啼叫，百舌因阴气微生而收声。时至仲夏，花香已逝，鸟语渐稀，螳螂在这个时节破壳而出。

有一年春天，我把家中的平安树搬到楼底下，接接地气，不料螳螂在树上下了子儿。天冷后把树搬回家，冬天家中有暖气，气温高，忽然有一天爬出了很多黑色的小螳螂——螳螂子儿误以为夏天到了。好在我家阳台上有一些绿植，小螳螂们暂时在那里安了家。比起芒种时节在野外自然出生，这些小家伙早出生了四五个月，显然违背了自然规律，最终都没长大成“虫”，令人惋惜。教育上的揠苗助长也是同理吧？

可见改变温度，就可改变生物的生长周期，塑料大棚

里的蔬菜水果就是这样种植出来的。塑料大棚是现代科技吗？有它到底是好事还是坏事？不管赞成与否，回到没有塑料大棚的时代，好像不太可能了，就如同再也回不到那种“从前慢”的农耕生活中去。

夏日绝句　宋·杨万里

不但春妍夏亦佳，随缘花草是生涯。
鹿葱解插纤长柄，金凤仍开最小花。

夏至

昼晷云极

6 月 21 日或 22 日是夏至。至此，夏已过半。《恪遵宪度抄本》中说:“日北至，日长之至，日影短至，故曰夏至。”“至者，极也。”

同冬至一样，夏至也代表着极致。此时太阳移至它运行路线的最北端——北回归线，并开始南返“走回头路”。这一天北半球白昼最长、黑夜最短。北京的白昼时间约为 15 小时。济南也差不多，早晨不到五点天就亮了，到晚上八点天才黑下来。“夏走十里不黑”之说由此而来。在北极圈内，这一天 24 小时日不落，堪称自然奇观。

冬至和夏至是最早被确定的节气。《周礼》中记载，先人用土圭测日影，夏至这天日影最短（用同法测算出冬至，冬至这天日影最长）。至下一个日影最短时正好是一年。

在日常生活中，在夏至前后会看到这般情景：中午人影几近于零，太阳会从北面升落。我家厨房北向，每至此时都要挂上窗帘，否则下午四五点钟太阳光会照射进来。

“夏至不过不热。”夏至过后，太阳虽南移，但地面吸收太阳的热量仍多于排放量，气温继续走高，逐渐进入一年中最热的日子——三伏天。这和一天中最高气温不是出现在正午十二点，而是下午两三点钟是同一个道理。“夏至三庚入伏”，从夏至起第三个庚日入伏，所以每年的入伏日期并不固定。“伏”的说法，始于春秋时期的秦国。“伏者，谓阴气将起，迫于残阳而未得升，故为臧伏，因名伏日也。”（《汉书·郊祀志》）伏，是指阴气潜伏，并非像人们常说的那样热得伏在地上。

在古代，冬至过后数九，是“冬九九”；夏至过后也要数九，是“夏九九”。“夏九九”也有歌谣：

一九二九，扇子不离手；三九二十七，冰水甜如蜜；四九三十六，汗出如洗浴；五九四十五，头戴秋叶舞；六九五十四，乘凉入佛寺；七九六十三，夜眠寻被单；八九七十二，思量盖夹被；九九八十一，阶前鸣促织。

无论酷暑还是严寒，对古人来说，日子都是难挨的，可谓度日如年。凡“数”，都有期盼早些过去的意思。在日常生活中，夏九九却不如冬九九那般流行，借用气象先生宋英杰的解释：一是冬闲夏忙，无暇细数；二是严冬之苦甚于酷暑之苦；三是夏九九说的是温度转变的过程，冬九九说的是生机酝酿的过程，隆冬之中的那份守候，十分唯美……

春之德风，夏之德暑，秋之德雨，冬之德寒。夏天就要热，冬天就要冷，如此才合于天道。夏季气温高，雨量足，是果子和庄稼生长、成熟的黄金期。谚曰:“该热不热,五谷不结。”大自然就是这般神奇！炎热虽然难熬，加重了田间劳作的辛苦程度，却有利于农作物的生长，是大自然对人类的馈赠。

在古代，冬至、夏至都要举行规格极高的祭祀活动，以礼敬天地。冬至祭天，夏至祭地。《周礼》中记载：“冬至日，于地上之圜丘奏之，若乐六变，则天神皆降……夏至日，于泽中之方丘奏之，若乐八变，则地示皆出……”北京天坛公园之圜丘坛、地坛公园之方泽坛，想来就是这么来的。

生若夏花之绚烂。蜀葵、木槿、紫薇之花都属夏花。

蜀葵原产于中国四川，故名曰“蜀葵”。因其高可达丈许，花多为红色，又名“一丈红”；因其于麦子成熟时开花，亦名“大麦熟”。《诗经·豳风·七月》中有“五月斯螽动股”句，巧的是，那天我在楼底下，果真看到一只螽斯（即斯螽）落在蜀葵花上。先人对自然体察之细微着实让人感佩。

木槿花又名“舜英”,《诗经·郑风·有女同车》中有言:“有

女同行，颜如舜英。将翱将翔，佩玉将将。”一路同行的女子，面容姣好若木槿花，步态轻盈，身上的佩玉叮当作响。多美妙的邂逅啊！《诗经》的美有多大程度缘于草木的芬芳呢？

木槿花也是属于夏天的。“山中习静观朝槿，松下清斋折露葵。”炎炎夏日，诗人王维在辋川山中“习静”，观木槿花朝开暮谢，何等清幽自在！木槿花可食。当年汪曾祺先生游览泰山，在中天门的中溪宾馆吃过野菜宴，其中就有一道炸木槿花：“整朵油炸，炸出后花形不变，一朵一朵开在瓷盘里。吃起来只是酥脆，亦无特殊味道，好玩而已。”

紫薇花期长，能开至老秋，又叫“百日红”。虽名“紫薇”，却不唯紫色，红、白皆常见。在夏季浓绿的主色调中，一树树盛开的紫薇花，着实叫人眼前一亮。

夏至三候：鹿角解，蜩始鸣，半夏生。

夏至阳气达到峰值，阴气始萌。鹿属阳，感阴而解角。

蜩即蝉。夏至过后便可听到阵阵蝉鸣。年少时读法布尔的名篇《蝉》，对其中一句话印象深刻：“四年黑暗中的苦工，一个月阳光下的欢乐，这就是蝉的一生。”这是诗的语言，但一直不知这是谁翻译的。后来又买过不同版本的《昆虫记》，曾专门查过《蝉》的章节，都未找到如此精妙的译文。翻译是一门艺术，事关一本书的品质，是需要“工匠精神”的。

半夏是一种野生药草，长在山坡、溪边等阴湿之处。《本草纲目》云：“五月半夏生。盖当夏之半也，故名。”二月始长叶，“五月、八月采根，暴干”，制成药材。

今年夏至前适逢端午节。早市上、楼道内，都飘着好闻的艾草的香味。我也买了两把艾草插在门边，也像往年一样包了粽子。过节一定要有仪式感，算是刻板忙碌日子里的调节吧。时值农历五月，暑气升腾，又湿又热，人易生病，所以五月有恶月、毒月之谓，端午节的佩香囊、插艾草等习俗也含有驱虫、避瘟、防病之目的。小时候过端午，要在手臂上系五彩线，名曰长命缕，可以避除不祥。五彩线遇水掉色，印在手腕上，几天不褪去。端午节也是一个庆祝丰收的节日，包角黍（粽子）除了纪念伟大诗人屈原，也有感恩天时的意味。

太阳在南北回归线之间来回移动，四时行焉，万物生焉。日月周流往复，循环不已，而人生不过百年。有限的人生面对永恒的日月，情何以堪！“屈平词赋悬日月，楚王台榭空山丘。”只有那些伟大的思想、伟大的情感，才可与山河同在，与日月齐光。

苏幕遮·燎沈香

宋·周邦彦

燎沈香，消溽暑。鸟雀呼晴，侵晓窥檐语。叶上初阳干宿雨，水面清圆，一一风荷举。

故乡遥，何日去？家住吴门，久作长安旅。五月渔郎相忆否？小楫轻舟，梦入芙蓉浦。

小暑

荷风送爽

小暑在每年的7月6、7或8日。暑者，热也，“热如煮物也”。小暑已经很热，但不是最热，后面还有“大暑”。小暑连着大暑，一个多月湿热难熬，故民间有“小暑大暑，上蒸下煮”之说。

按“夏至三庚入伏”来推算，每年的“入伏”时间差不多在小暑中后期。三伏天是一年中最热的时候。夏练三伏、冬练三九，实指严酷环境对人品格心性的磨炼，“吃得苦中苦，方为人上人”“梅花香自苦寒来”等都同此一理。只是如今冬有暖气、夏有空调，“苦练”的机会委实不多。最该苦练的是孩子们，可眼下家庭、学校竭力为他们创造舒适安逸的环境，孩子们多娇生惯养，哪里有练的机会呢?

小暑时节，南方的梅雨期结束，雨带北移至黄河流域，北方的汛期到了。雨足天热，对人来说如蒸煮般难受，却是庄稼疯长的良机，“人在屋里热得燥，稻在田里哈哈笑”。此时的原野，葱绿一片，充满生机，散发着蓬勃生长的原始力量，叫人看了莫名感动。

唐代元稹《咏廿四气诗·小暑六月节》:“倏忽温风至，因循小暑来。竹喧先觉雨，山暗已闻雷。户牖深青霭，阶庭长绿苔。鹰鹯新习学，蟋蟀莫相催。”炎热的夏季已然到来，风吹竹动，雷声滚滚；雨水多，湿气重，窗外青烟缭绕，院中台阶长满青苔……寥寥数语，点染出小暑时节的自然景观，小暑三候也尽在其中：温风至，蟋蟀居壁，鹰始击。

“温风”，不是温暖的风，而是热风；“至”，极也。

在有火炉之称的济南，此种体会尤甚。风是热的，天地如一个大蒸笼般，让人无处可藏。犹记当年读研究生时，宿舍在顶楼，床在上铺，挨着天花板，连床单、衣物都是热的，真真是“如坐深甑遭蒸炊”。那时只存一念，赶紧放暑假，逃离此地，回到凉爽的胶东老家去。

“蟋蟀居壁”，蟋蟀是秋虫，小暑时节羽翼未成，尚穴居土中，没有来到田野上。《诗经·豳风·七月》中有言：“七月在野，八月在宇，九月在户，十月蟋蟀入我床下。”农历七月在野外高唱，天凉始入户，这是蟋蟀的习性。蟋蟀鸣叫“在野”，意味着秋天就要来临，天气将转凉，要准备寒衣了，又因“其声如急织也”，故亦名“促织”——促人织衣。孔夫子言读《诗》可“多识于鸟兽草木之名”，把《诗经》当作一部自然百科全书来读，也不为过。

“鹰始击”，春天出生的小鹰业已长大，开始搏击长空，学习捕猎。

小暑到，赏荷正当时。“四面荷花三面柳，一城山色半城湖”，荷花是泉城济南的市花，城市景观中随处都可见到荷元素，赏荷之方便就更不消说了。“荷叶荷花何处好？大明湖上新秋。”市区有大明湖、泉城公园，近郊有遥墙的万亩荷塘、章丘白云湖等，这个时节的光景都是“接天莲叶无穷碧，映日荷花别样红”。荷的每个生长阶段都美，从“小荷才露尖尖角”，到“莲叶何田田”“接天莲叶无穷碧”，再到“留得枯荷听雨声”，各有各的韵致。李渔《闲情偶寄》云：“花之有利于人，而无一不为我用者，芰荷是也。”荷全身皆宝，除了药用，叶、花、子、根（藕），可演绎出多少美味佳肴！《红楼梦》中富贵若宝玉者，挨了打后不也想吃那银制汤模子做出来的荷叶莲蓬汤吗？不知有没有荷全席，想来是可以实现的。汪曾祺说，美国有荷花，却少有人读周敦颐的《爱莲说》，更不懂得“香远益清”“出淤泥而不染”。君子比德如玉、比德如荷，是典型的中国文化。“荷风送香气，竹露滴清响”“鸟语竹阴密，雨声荷叶香”“四顾山光接水光，凭栏十里芰荷香”……炎炎暑日下，那亭亭玉立、不枝不蔓的荷给人送来多少清爽凉意!

炎炎夏日，何以解暑？似乎唯有空调。甚至有人调侃：夏天的命，都是空调给的。不敢想象，现代人离了空调该如何抵挡炎夏酷暑？ 20 世纪 90 年代末，我毕业留在济南，母亲来看我，看到楼上各家的空调，问:“这是什么，是鸟笼吗？”我大笑，继而眼泪都流下来了。那是母亲初来济南。时隔数年，老家也装上了空调。时代的发展变化就是这么快，不过十余年，空调已经遍及城乡。

空调是现代工业文明的产物，古人消暑却另辟蹊径，更多闲雅。他们躲至深山老林，或来到水边池畔，或就在自家小院中，都是取“自然纳凉法”。且看几首小诗：

消暑

【唐】白居易

何以消烦暑，端坐一院中。

眼前无长物，窗下有清风。

散热由心静，凉生为室空。

此时身自保，难更与人同。

纳凉

【宋】秦观

携杖来追柳外凉，

画桥南畔倚胡床。

月明船笛参差起，

风定池莲自在香。

夏夜追凉

【宋】杨万里

夜热依然午热同，

开门小立月明中。

竹深树密虫鸣处，

时有微凉不是风。

无论在哪里，古人求的都是心中宁静，滤去浮躁和尘念，倒也悠然神清，似比今人更多了些隽永和诗意。

古人还以冬冰夏用之法消暑——需在冬季取冰块藏于深窖，为防冰块融化消耗，得存放夏季用冰量三倍以上的冰块。藏冰成本如此之高，不是普通人所能消受，多为皇家御用或赏赐群臣，是极高的待遇。对于普通老百姓来说，吃个井水拔凉的西瓜，就是福分了。且看汪曾祺先生在《夏天》中的描述：

> 西瓜以绳络悬之井中，下午剖食，一刀下去，喀嚓有声，凉气四溢，连眼睛都是凉的。

呵呵，这样的夏天，是不是也很爽？

大暑

宋·曾几

赤日几时过，清风无处寻。
经书聊枕籍，瓜李漫浮沉。
兰若静复静，茅茨深又深。
炎蒸乃如许，那更惜分阴。

大暑

据连日来的天气预报，济南被副热带高压缠住了。最低气温都在三十度，天天犹如蒸煮般。这就是大暑了，在每年的7月22、23或24日。

大暑和中伏多有重叠。“冷在三九，热在中伏”，这是一年中炎热的极致，俗称“伏顶子”。大暑也是夏季最后一个节气，至此，二十四节气已过半。

骄阳似火，不敢出门。好在放暑假了。一大早出门购足日常所需，一天便可窝着不动，真是“伏”在家里了。虽热，放假还是好的，自由自在。世间还有什么比自由更难得？

不过，这个暑假却很紧张。女儿就要上高三，各科老师都强调高考前最后一个暑假很重要，早就把“紧箍咒”念上了。对中国孩子来说，高考是一次重要的历练。做父母的有什么好说的？陪孩子一起走过吧。

女儿高考距离我高考正好三十年。当年我高考在 7 月份，正值高温多雨时段，后来高考提前至 6 月份，想来有天气方面的考虑，更为人性化了。记得当年高考完，七八个同学骑着车挨家窜，不嫌热，也不嫌累，县南县北都跑遍了。我们飞奔在乡间的路上，两边的庄稼高过人头，深浅莫测，那场景像极了一些老电影镜头。再回想，像一场梦境。当初的少年，都已人到中年，在各自的人生里奔波。

大暑三候：腐草为萤，土润溽暑，大雨时行。

“腐草为萤”，查资料才知，世上萤火虫有两千多种，依照幼虫生活的环境，分水栖、陆栖及半水栖三类。陆栖萤火虫产卵于草上，大暑时节，萤火虫卵化而出，古人便认为其是由腐草变成的。这也是人类童年时代的美丽误会，就像那些远古的神话，表达的是古人对世界的认知。

“土润溽暑”，是说天气闷热，土地潮湿不堪。“冬不坐石，夏不坐木。”木头看上去是干的，实则已被潮气浸透，久坐伤身。

“大雨时行”，大雨说下就下，“六月天孩子脸”“东边日出西边雨”，说的都是大暑时节的天气。记得小时候，夏季常下大雨，那雨来得又大又急——地面先是冒烟，接着冒大水泡，很快形成水流，顺着地势，流到沟里湾里。那时水多、沟渠多，水呈绿色，水中都有鱼虾，水面上常浮着一种小虫，体态轻盈，在水面上一跳一跳的，老家人称“担井钩”，现在才知那应叫“水黾”，是黾蝽科的虫子。

紫薇花在大暑时节，衬着火辣辣的天气，开得热烈。此花花期长，树龄可达数百年。有一年暑假我在栖霞牟氏庄园看到一棵紫薇，齐房檐高，满树的繁花开得苍苍茫茫。这是我见过的最大的紫薇树，听说树龄有一百多年了。

“莲子已成荷叶老”，新莲子下来了。莲蓬整个卖，十元五个；剥出莲子来卖，二十多元一斤。卖莲子可持续数月，直至老秋。每年我都要买些回来。嫩者剥开生吃，味道清甜；老的冷冻起来，熬粥随时取用，经冬可食。有时也会将莲蓬带茎买回，回家后倒挂晾干，插在瓷瓶中，颇有些古风雅韵。

“……采莲南塘秋，莲花过人头。低头弄莲子，莲子青如水。置莲怀袖中，莲心彻底红。……”最喜欢这首《西洲曲》，“充满了曼丽宛曲的情调，清辞俊语，连翩不绝，令人‘情灵摇荡’”（《中国俗文学史》）。“情灵摇荡”四字直直说到心坎上。清人沈德潜评此诗：“续续相生，连跗接萼，摇曳无穷，情味愈出。”古诗也好，前人评论也好，都一样情味无限。

回到胶东老家，又是另一番光景。中午热一阵，早晚凉爽。晚饭后我们到村边大道上乘凉，仰观满天繁星，北斗七星历历可数，新月皎皎，晚风清凉若水，听虫鸣，听蛙声，真不

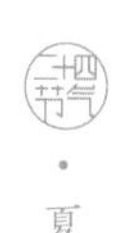

忍回屋睡去。

正赶上入伏，家家吃面条。“过冬包子入伏面”，这是胶东一带的习俗。中午的清汤面佐以松蘑炖鸡，滋味香浓。现摘的各种时蔬，黄瓜、茄子、芸豆、青椒，都是父母亲手所植，都是小时候的味道。麦子已收，秋作物已长起，田间管理可以稍事放松；新麦下来了，做成各种面食走亲戚。“入了伏，挂了锄，新女婿看丈母。”汪曾祺先生说，风俗是一个民族集体创作的生活的抒情诗。诚哉斯言。

今年入伏的第二天正好是农历六月六。谚曰：“六月六，看谷秀，揭开包子一包肉。”这时节气温高，光照足，秋庄稼长势正旺，春茬谷子、黍子、玉米等作物已开始抽穗。包包子以庆祝麦收，也期盼秋季五谷丰登。包胶东包子，制肉馅时不是把肉剁成泥，而是切成块，先用酱油、盐、葱、姜等调好，搁置，待其入味，再和以时令菜蔬，做成包子馅，风味绝佳。六月六也是“洗晒节”。“六月六，家家晒红绿”，“红绿”指五颜六色的衣服、被褥等。正值雨季，空气潮湿，各种物品极易霉腐损坏，在古代，这一天从皇室到民间，都有洗浴和晒物的习俗。

盛夏的村庄被各种大树遮着，原生态，少规划，看上去有些杂乱无章，却绿意葱茏，繁茂旺盛。我家院中一东一西两棵大树——杏树和槐树，也遮起了浓荫，把整个院子罩起了大半，隔绝了不少热气。槐米已长成，院中飘着浓郁的槐米香气。

我们去村东头的大堤，看盛夏时节水流充沛的大沽河。河边水草丰茂，河面宽广，烟波浩渺。有人划着橡皮艇撒网钓鱼，钓上来的野生鲫鱼，一拃来长，在网里活蹦乱跳。一只白鹭安静地立在河中心的木桩上……

我们去地里，看庄稼、菜蔬的长势，看新钻出地面的芹菜苗纤纤细细，看由春末结到夏的黄瓜爬满架，看正旺盛生长的地瓜、芋头、茄子、青椒，看一垄垄大葱……

就这样在老家住下去吧，种菜、养鸡，哪里也不想去了。

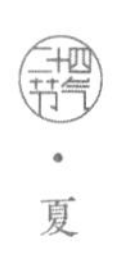

夏

秋

立秋

唐·刘言史

兹晨戒流火，商飙早已惊。
云天收夏色，木叶动秋声。

立秋

美在清凉

炎炎夏日，最盼望立秋到来。立秋一到，酷热便到了头，凉爽宜人的日子便指日可待了。

节气的“准”体现在很多方面，其中就有立秋一到早晚变凉爽这一项。只要一过立秋，炎热天气立马变得“可忍”，也真是神了。

立秋在每年 8 月 7、8 或 9 日。此后时序开启秋天模式，我最爱的济南的秋天就要到了。

老舍先生写道："上帝把夏天的艺术赐给瑞士，把春天的赐给西湖，秋和冬的全赐给了济南。"如今看来，要把"冬"字给免去——济南的冬天并不如老舍笔下那么美妙，只留下"秋"就可以了。济南的秋是醉人的。

小时候猜谜语："三人同日去观花，百友原来是一家，禾火二人并肩坐，夕阳西下两朵花。"最先猜出的就是这"秋"字，因为"禾""火"并肩最为直观形象。《说文解字》释秋："禾谷熟也。"秋天是收获的季节。

天凉好个秋。然而立秋后气温并不会立竿见影地降下来，三伏天的末伏犹在。"秋后一伏，热死老牛。"人们把立秋后的炎热天气叫"秋老虎"，大概是因酷热猛于虎吧。秋老虎常常要发威，立秋之后出现三十五度高温也很正常。

毕竟与夏天不同，早晚有些凉意了。实际上济南要到九月份才真正凉爽起来，有了秋意。北方大多数地方都是如此。古人将立秋之后气温尚高的这段时间称为"长夏"——夏季的未了余音，是不是很传神？甚至有人将"长夏"看成春夏

秋冬之外的第五季，以对应金、木、水、火、土之五行说。

气温居高不下，对秋作物的生长、成熟是一大利好。这时节埋在地底下的地瓜、芋头吸足了水分，日渐滋长膨大。秋玉米抽雄吐丝，进入开花、授粉、结子儿的关键生长期。大豆开始结荚。实际情形是，立秋之前我们就已吃上鲜玉米、新花生、煮毛豆了。农业科技的发展，已让时令变得不那么分明，多数菜蔬瓜果都早早就下来了。

立秋一般来说在农历七月。今年节气早，立秋在农历六月二十六。这样夏天持续的时间势必会短一些，农作物的生长期相应变短，故多少会歉收。“七月秋样样收，六月秋样样丢。”这原是有道理的。

一叶落而知秋。最易落、最先落的是梧桐叶。梧桐叶子阔大，锁不住水分，稍有风吹草动，便会有所反应，掉下一片叶子来。敏感的诗人便据此伤感起来，其实夏季也会偶尔有几片叶子落下来呢。《梦粱录》中载：宋时，立秋这天“以梧桐树植于殿下”，等到立秋时辰一到，太史官便高声奏道：

"秋来！"奏毕，梧桐应声落下一两片叶子，以寓"报秋"之意。梧桐叶落与太史官的高声奏报配合得如此默契，实在有趣，虽有些牵强附会，却让人感觉很美，很有诗意。先人对自然的敬畏和遵循，就寄托在这些庄严而认真的仪式中，而这也正是现代人所缺失的。

立秋三候：凉风至，白露降，寒蝉鸣。小暑时节是"温风至"，至此一变而为凉爽的风了；水汽多，昼夜温差大，夜里凝成露珠，开始降落；蝉已预感到秋天来临，时日不多，因此鸣叫不已。"寒蝉凄彻，对长亭晚，骤雨初歇"，寥寥数语，一幅初秋图跃然纸上，冷清氛围先就营造出来了。

从立秋起至入冬前，这段时光最为曼妙。温度适宜，不冷不热；空气湿度刚刚好，草木秀润；凉风习习，吹面不寒……"醉美"在金秋，一年之中最幸福的时光莫过于这段时间了。

在秋天，济南才算得上名副其实的"泉城"。雨季已过，地下水丰沛，泉水汩汩冒出。"天下第一"的趵突泉在秋季总不负“喷涌若轮”的盛况，当然，其他泉眼也不甘示弱，争相喷涌。若是来济南游玩，这个季节是不会让人失望的。

在阳光雨露与风的综合作用下，楼底下的海棠果着了色，粉丹丹的，像敷了层粉，像健康的女孩子的脸色。春华秋实，这两棵大海棠树给我们带来不同季节的风景，不同时令的美。

这个时节，葡萄、桃子、梨、苹果都已成熟。去菜市场，各种味道、各种形状、各种色彩，构成不同的视觉和味蕾的诱惑，叫人移不开眼、挪不动腿。学校南门西侧有一摊主专卖内蒙古西瓜，沙瓤的、脆甜的，尽着挑。据摊主说，满满一车斗西瓜两天就能卖光！秋天是享用瓜果的黄金季节。

眼下正是吃秋葵（学名黄秋葵）的时候，做法极简单。开水略焯，捞出去蒂、切段，浇一点蚝油，或干脆整只蘸酱吃，都美妙无比。秋葵汤亦好——搭配秋木耳或银耳，开锅洒上蛋花，淋上芝麻油，清爽不腻。《花镜》释秋葵：“一名黄蜀葵，俗呼侧金盏，花似葵而非葵，叶歧出有五尖，缺如龙爪。

秋月开花，色淡黄如蜜，心深紫，六瓣侧开，淡雅堪观。朝开暮落，结角如手拇指而尖长。内有六棱，子极繁。冬收春种，以手高撒，则梗亦长大。”其果实像细长的青尖椒，在西方被称为“美人指”。

秋风凉，茄子长。秋天最宜吃茄子，因其合于时令，保有本真的滋味。细想一下，但凡提前催熟的蔬果，都较本味不如，正如冬天的茄子、夏天的白菜，怎么做都觉得不太对味儿。

秋风起，胃口开，“涮”“烤”正当时，这也是北方人所谓的“贴秋膘”了。汪曾祺先生在《贴秋膘》一文中，写贴秋膘在北京专指吃烤肉，继而又写烤肉的渊源、炙烤过程、北京当年吃烤肉的地道馆子等。笔下之摇曳，既令人向往，又叫人怅惘。文人谈食事，一定不止于吃，而往往托旨遥深。一如梁实秋的《雅舍谈吃》，其中寄寓多少故园之思。

还是来看看古人对立秋的感受吧：

乳鸦啼散玉屏空，一枕新凉一扇风。

睡起秋声无觅处，满阶梧叶月明中。

这是宋代诗人刘翰的《立秋》。这首诗美在意境，美在初秋的清凉况味。

秋夕

唐·杜牧

银烛秋光冷画屏，轻罗小扇扑流萤。
天阶夜色凉如水，卧看牵牛织女星。

处暑

天地始肃

立秋之后不几天，两场台风——摩羯和温比亚，带来大风和降雨，也把盘踞济南月余的炎热带走了。气候不是机器人，总是不按常规程序出牌。照常理，处暑才是和炎炎夏日道别的节气呢。

8月22、23或24日是处暑，这是秋季的第二个节气。《月令七十二候集解》云：“处，止也。暑气至此而止矣。”“处”是终止、退隐的意思，处暑即为出暑。三伏已过，暑气渐消，我国大部分地区气温开始下降。处暑是代表气温由炎热向寒冷过渡的节气。

处暑三候：鹰乃祭鸟，天地始肃，禾乃登。这一时节，老鹰开始大量捕猎鸟类，捕获的猎物一次吃不完，一一排列在面前，好像祭祀一般；天地间万物开始凋零，植物不再发新芽；禾谷成熟，开始收割，“登”即成熟，五谷丰登便是此意。

有一首歌谣：“秋天到，秋天到，地里庄稼长得好。棉花朵朵白，大豆粒粒饱，高粱涨红了脸，稻子笑弯了腰。秋天到，秋天到，园里果子长得好。葡萄一串串，柿子挂树梢，黄澄澄的是梨，红彤彤的是枣。秋天到，秋天到，田里蔬菜长得好。冬瓜披白纱，茄子穿紫袍，白菜一片绿油油，又青又红是辣椒。”一幅调子欢快、色彩明媚的秋光图，多么浓郁的乡土和田园气息！

处暑三日无青谷。春谷子由青变黄，即将成熟。谷子去壳即为小米，因其粒小，直径一毫米左右，故名。新小米就要下来了，用来熬粥，黄、黏、香，浮着一层油，男女老少咸宜，极有亲和力。黄河流域是小米的故乡，有首陕北民歌："山丹丹红来（哟）山丹丹艳，小米饭（那个）香来（哟）土窑洞（那个）暖。"诗人贺敬之的《回延安》里也有这样的句子："羊羔羔吃奶眼望着妈，小米饭养活我长大。"谷子在中国有几千年的栽培历史，说小米滋养了华夏文明，也不为过吧。

眼下正是葡萄自然成熟时，最能尝出酸酸甜甜的本味。当年汪曾祺先生被补划为右派，下放张家口劳动改造，干的最多就是给葡萄喷波尔多液。劳动四年，他成了葡萄专家，写下传世名篇《葡萄月令》。"失之东隅，收之桑榆"，无论处境如何都不要绝望，活着要有些韧劲，皮实些。

刚过了传统节日七夕节。夏季璀璨的夜空，牛郎织女双星隔着银河相望，牛郎星两侧还有他们的一双儿女。古人凭借丰富的想象，将它们拟人化，以牛郎象征勤劳耕作，以织女象征灵巧织补，男耕女织，勾勒出农家生活的美丽图景。

又传牛郎织女在七夕这天相会，感天动地，连喜鹊都会去助力搭桥。当晚葡萄架下仔细谛听，会听到牛郎织女的阵阵私语。“金风玉露一相逢，便胜却人间无数”，说的便是这一年一度的相会。“七夕”又名“乞巧节”“女儿节”。在古代，这个节日很受重视，有女孩的人家要供奉织女姐姐，以祈巧思。传统社会对女子心灵手巧的要求，似可从这个节日中窥出些端倪来。

小时候在老家，“七夕”算个大节，家家要做巧饼。鸡蛋、糖和面，用面模压出各种动植物样式的面饼，上锅慢火烙至两面焦黄。巧饼凝聚了一家主妇的勤劳和巧思，正是心灵手巧的体现。对小孩子来说，巧饼既当吃食，也可拿来炫耀，比谁家的模样俊俏。多少年后，我在千佛山山会上买过几个面模，希望有朝一日也能和女儿一起做巧饼。事实上，这么多年来也不过用了两三回，这些模子就像古董一样被我收在橱柜里。回想年幼时，日子虽不富裕，却安静闲适，有种古典的韵致。如今人们想方设法寻觅老味道，岂不知老味道的背后，是慢节奏的生活，是心灵的安闲。这些如今到哪里找寻呢？七夕凝聚了先人太多的想象和寄托，有着浓郁的文化色彩，如今却日渐淡出人们的生活，这也是令人无奈和惆怅的事。

七月十五中元节也在处暑期间。在古人看来，阴阳相通，七月十五民间有放荷灯的习俗，为的是照亮先人回家的路。中元节曾经也是初秋庆贺丰收、酬谢大地的节日，民间按例用新米等祭供，向祖先报告收成，“为五谷成熟，报其功也”（郑玄语）。节日和民俗活动都离不了时令和地域的大背景，是在顺其自然的前提下展开的。

秋天的早晨真舒服。空气湿润润的，鸟鸣阵阵，草虫藏在草叶间，不知疲倦地叫，仿佛永远都不会停下来。太阳出来了，人影斜长。楼底下那丛红色的凤仙花兀自开着，一切都是那么静谧安详。

秋感（其一）

元·仇远

明朝交白露，此夜起金风。灯下倚孤枕，篱根语百虫。
梧桐何处落，杼轴几家空。客意惊秋半，炎凉信转蓬。

白露

秋光淡淡

舒适的时光总是短暂的。从处暑到白露，半个月的凉爽日子，倏忽间而已。

秋天的滋味愈浓了。天很蓝，天空高远明净，透明度极高，阳光晃眼；晚上，月亮又大又圆，衬着白云为底，周围一圈白晕，越发让人神思缥缈。月亮和秋天是绝配！“露从今夜白，月是故乡明”“却下水晶帘，玲珑望秋月”。一轮千古明月，不知让世代诗人产生多少遐思，咏出多少佳句！“春花秋月”

原为自然现象，却被诗人赋予无限意义和寄托。

白露在每年的9月7、8或9日。至此，时序进入仲秋，日夜温差变大。白天尚热，等太阳一落山，气温便很快下降，至夜间，空气中的水汽遇冷凝结成细小的水滴，密集地附着在花草树木的茎叶或花瓣上，呈白色，经早晨的太阳光照射，看上去更加晶莹剔透、洁白无瑕，“白露”之名由此而来。《月令七十二候集解》：“白露，八月节。秋属金，金色白，阴气渐重，露凝而白也。”

“玉阶生白露，夜久侵罗袜。”晚上在庭院中纳凉，时间一久，能明显感觉到露水下来了，湿气加重，侵湿衣袜。《诗经·邶风·式微》：“式微，式微，胡不归？微君之故，胡为乎中露？……”女子伫立庭院中，一轮皓月当空，心儿念着远方，时间渐久，衣衫被露水打湿……中秋之夜，也是相思和不眠之夜啊。清代方玉润在《诗经原始》中评此诗：“语浅意深，中藏无限义理，未许粗心人卤莽读过。”

俗语云：“处暑十八盆，白露勿露身。”这是说处暑仍

热，每天还需用一盆水洗澡，过了十八天，到了白露，就不能再赤膊外露了，以免着凉。“白露秋风夜，一夜凉一夜。”白露以后，气温下降速度很快，这个时节要注意保暖，虽有“春捂秋冻”之说，但还是要顺应天时，讲究“勿露身”。这时节的气温和“夏九九”之“八九七十二，思量盖夹被”也是呼应的。

秋天的早晨，露珠在草尖上欲滴未滴、在芋头叶子上滚来滚去，晶莹剔透，煞是好看。这样的情景真是久违了。记得年幼时在老家，村人起早下地干活，干上一两个时辰，再回家吃早饭，衣衫被露水打湿再自然不过，常见他们挽着裤腿从地里回家……如今这些都只留存在回忆中。不得不说，离家这些年，无缘农事，故乡于我，几近田园牧歌了。

白露三候：鸿雁来，玄鸟归，群鸟养羞。鸿雁即大雁，玄鸟即燕子，两种鸟都是候鸟。白露以后气温下降，鸟类有所感知，便要南归了。雨水时节“候雁北”，白露时节“鸿雁来”；燕子也是春分“至”，白露“归”。古人正是从它们的南来北往中品读出季节的更替。“群鸟养羞”，“羞”同“馐”，指食物，不南归的鸟类也感受到了天地间的肃杀之气，开始储藏食物以备过冬。不得不承认，鸟类是天地间的灵物，能预知气候之变，而一些生活在钢筋水泥丛林中的现代人，却越来越不接地气、远离自然。

估算一下，从“八九雁来”（雨水）到白露时节雁南归，大抵是从 2 月底到 8 月底，大雁在北方正好待半年，即整个夏半年。大雁随着季节南渡北归，故“鸿雁传书”是有可行性的。为什么没有“喜鹊传书”？因为喜鹊是留鸟，一年四季都在同一个地区生活。“云中谁寄锦书来？雁字回时，月满西楼”，这是何等孤单落寞的意象！电影《归心似箭》的插曲：“雁南飞，雁南飞，雁叫声声心欲碎，不等今日去，已盼春来归……”又是何等让人情灵摇荡！我因这首歌，又把电影找来看，画面唯美，情感含蓄自然，真是好看。沈从文说：好看的都应当长远存在。这样的电影自然会传之久远。《归心似箭》1979 年出品，那是个产生经典的年代。那时人们无论做什么都用心、不浮躁，用当下的话说就是有“工匠精神”，必也经得起时间的考验。

小时候在老家，高远澄澈的长空下，常能看到大雁排队飞过。这一幕，久违了，要不是因这节气记，早被忘得一干二净。写作果真能唤起心底潜在的意识吗？

白露打枣。枣子陆续成熟了，“七月十五红边边，八月十五打没了”。我最爱的元红大枣也快熟了吧？元红大枣产于济南本地，水分略少，味正，适合蒸熟吃。女儿清清最爱吃。两年前的秋天她上高中，离家住校了。我买了大枣蒸熟无人吃，心里空落，暗自神伤。差不多半年时间，我逐渐适应了她不在家的日子。时间真的能改变一切啊。

山上的酸枣也该红了吧？济南三面环山，清清小时候，我常带她去爬山。秋天，酸枣熟了，缀满枝头。每次爬山都能摘回很多酸枣，收获满满。随着年岁递增，女儿爬山的次数越来越少，到了高中，竟跟爬山绝缘了。如今的孩子与自然是疏离的。童年没了大自然的滋养，怎么说都是一种缺失。

大自然给予孩子的滋养和乐趣，又岂是电子产品所能取代的？思之怅怅。

汪曾祺先生写过《淡淡秋光》一文，“淡淡”二字真好。相较于春之烂漫、夏之奔放，秋可不是淡淡的吗？人到中年也合该如此吧？走过了少年、青春，经历了一些人和事，变得内敛平和，把很多东西也都看淡了。

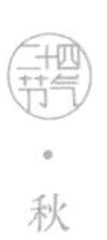

•

秋

望月怀远

唐·张九龄

海上生明月，天涯共此时。
情人怨遥夜，竟夕起相思。
灭烛怜光满，披衣觉露滋。
不堪盈手赠，还寝梦佳期。

秋分

丹桂飘香

数日秋雨，几多秋凉？

短袖衫换下去，长风衣穿起来，呼啦着响。时间也呼呼啦啦往前赶，秋分一下子就到眼前了。这是秋季的第四个节气，在每年的9月22、23或24日。《春秋繁露》中言：“秋分者，阴阳相半也，故昼夜均而寒暑平。”

秋分，同春分、“二至”一样，是标志性节点。这一天太阳直射点移至赤道，南北半球昼夜均等，此后北半球各地昼短夜长，直至来年春分。秋分也平分了秋季，北方气温由凉转寒，时序渐入深秋，而南方由这一节气起开始入秋。

气温越来越低，地面热量已不能满足作物生长，庄稼无论长势如何，都得收割了。“秋分无生田，不熟也得割。”花生、大豆、玉米、高粱等都要抓紧抢收，冬小麦也要种下——“白露早，寒露晚，秋分种麦正当时”。秋收秋种都在此时，可谓“忙在三秋”。时令不等人，古人早就意识到了这一点，已养成顺天应时的自觉，而节气正是这种顺应的智慧结晶。

在古代，秋分是“祭月节”。因节气是阳历系统，体现的是地球绕太阳公转的位置，和月相无关，秋分虽在阴历八月，但交节时未必正逢月圆，也就无法迎合圆满的美好寓意，后来“祭月节”由秋分调至阴历八月十五，形成中秋节祭月、庆祝丰收的习俗。

一轮皓月当空，清辉遍洒人间，何等圆满美好！家人团聚，赏月，品尝瓜果，以贺丰收，因此中秋节也是团圆节。可天下事哪有万般皆好？“月有阴晴圆缺，人有悲欢离合。”

有圆满就有亏缺，有相聚必也有分离，相思便也成了中秋的应有之意。“中庭地白树栖鸦，冷露无声湿桂花。今夜月明人尽望，不知秋思落谁家？”王建的这首《十五夜望月寄杜郎中》堪称中秋相思的代表作了。

前几天给家里打电话，父亲接的，说正在收花生。因之前听母亲说过，如今种地省事多了，播种收获都用机器，我便问：“是用机器收的吗？”父亲说：“那么一丁点地，不值当的。不光不用机器，连你妈都不用。我一个人两天就干完了。我比机器好使唤！”知道父亲在开玩笑，电话这头的我还是止不住流下眼泪。为了这个家，父亲当了一辈子“机器”。年轻时气盛，一家之主，唯我独尊，如今老了，也知道心疼母亲了。父亲还说今年花生收成好，我家的尤好。这我相信，因为地的品质好。我家那两亩地父亲视若宝贝，轻易不往里施化肥，宁愿多费些力气施土肥。父亲说化肥糟蹋地，种出来的东西不好吃。果真如此，我们回老家，吃自家种的菜蔬，样样都是小时候的味道，都是菜市场上买不来的。

每个季节都有代表性的花。春有桃花，夏有荷花，冬有梅花，桂花是秋天的代表。桂花是我国传统名花，其香气清可涤尘、浓可致远，深受国人喜爱。园林中常将其与玉兰、海棠、牡丹同植，取其“玉堂富贵”之寓意。北宋词人柳永的“有三秋桂子，十里荷花”，写的是“东南形胜”，而在济南，桂花树并不常见，荷倒是多，此时也只剩枯荷了——“留得枯荷听雨声”，枯荷倒也另有一种韵致。南方人家有生女儿种香樟、生儿子种桂树的习俗。桂树在南方很普遍，能长成大树；在北方多为盆栽，也长不很大，冷时可移至室内。在我供职的校园里就有两棵桂花树，每到中秋，不经意间就会闻到那馥郁的天外来香。冬天来临，这两棵树会受到特殊呵护，园艺工人用木棍、塑料纸等，为之搭建暖棚，以免冻坏。桂花可食，其特有的甜香令人着迷。有一年暑期，我带着女儿去宁波，在南塘老街吃过一回桂花醪糟小汤圆，香甜软糯，风味绝佳，至今不忘。桂花蜜汁山药、桂花冰糖糯米藕，都让人爱极。《红楼梦》中的桂花糖蒸新栗粉糕，宝玉曾拿来送给湘云，想来也是极精致有味的。

石榴熟了。五月榴花照眼明，八月石榴开口笑。三个月阳光雨露的滋养，石榴籽发育得晶莹剔透，宝石一般。石榴多籽的特性，让其拥有多子多福的美好寓意，成为国画中常见的题材。山东枣庄出石榴。据说枣庄有万亩石榴园，但产量并不大，市场上几乎买不到地道的。大概好东西必拘于时地，受水土限制，产量都有限，别处也不可复制。西湖龙井、栖霞苹果、莱阳梨莫不如是，故地方名优特产都倍受珍视，价格也不菲。

秋分三候：雷始收声，蛰虫坏户，水始涸。春分时阳气盛雷声作，至秋分阴气盛雷声收，一年中可闻雷声的时间仅占半；与自然气息共振的虫类潜入穴中，培土封户，做好蛰伏入冬的准备；随着降雨减少，湖泊河流中的水流开始变少，终至干涸。这个时节，自然万物都开始收敛自保了。按五行说，秋属金。“金曰从革”，原指金属物质可以顺从人意，改变形状，铸造成器；又因金之质地沉重，且常用以杀伐，引申为有沉降、肃杀、收敛等性质或作用的事物，这正类于自然中的秋季。所以，秋风又叫金风，十月也谓之“金秋”十月了。

抬眼望去，还是满树皆绿，细看又不同，有些叶子已泛黄意，银杏叶子镶了金边，有些不结实的已飘然落下。草木不是一日枯的，叶子也不是突然就变黄了，时序是一个渐变的过程。就像一个人的老去，也是慢慢的，不知不觉中的。人生一世，草木一秋，人同草木是一样的啊。

“一庭春雨瓢儿菜，满架秋风扁豆花。”想起了老家的扁豆。种在大门外，只三两棵就可爬满篱笆。中秋前后，扁豆长大了，一串串缀在篱笆上，紫色的扁豆花也一串串在秋风中摇曳，真美。若家中黄狗过来凑趣，卧在篱笆根晒太阳，一幅绝佳的秋光图！这一幕让我想家了。

二十四节气
秋

长相思·一重山

五代·李煜

一重山，两重山。山远天高烟水寒，相思枫叶丹。

菊花开，菊花残。塞雁高飞人未还，一帘风月闲。

寒露

寒凉初至

白露、寒露，一字之差，中间隔了秋分，时差一个月，却分明已是“不同天”，天气由凉转寒。

寒露在每年的10月7、8或9日。《月令七十二候集解》云：“九月节。露气寒冷，将凝结也。”相比白露，此时气温更低，地面附近的水汽快要凝结成霜了。

白露、寒露、霜降，秋季的这三个节气，都表示水汽凝结现象，而寒露是气候由凉爽到寒冷的过渡。这一时节，南方地区正式入秋；东北已入深秋；西北地区或即将入冬；在黄河中下游地区，冬天的脚步声似乎也隐约可闻了……

古人这样描述寒露物候：鸿雁来宾，雀入大水为蛤，菊有黄华。

自白露时的“鸿雁来”，到寒露时的“鸿雁来宾”，一个月的时间，大雁全部完成南迁。古人说先到为主、后到为宾，后到的大雁就被当成宾客了，所以叫“来宾”。“大雁不过九月九，小燕不过三月三”，是说大雁最迟在阴历的九月九（即寒露前后），都飞往南方去了；燕子则最迟在农历的三月三，就都飞回北方。

“雀入大水为蛤”，是说天气转寒，雀不见了，海边突现了很多蛤蜊，其贝壳的纹理、颜色跟雀类似，古人便以为蛤蜊是雀变成的。这一说法在今天看来并不科学，但这样的联想让人感受到一种天真的美，体现了古人对自然的认知，也可见物候之说产生年代之久远。

“菊有黄华”，菊花已普遍开放，所以农历九月又称“菊月”。如果一个人的名字中含有“菊生”二字，这个人十之八九是在农历九月出生的。从屈原的“朝饮木兰之坠露兮，夕餐秋菊之落英”，到陶渊明的“采菊东篱下，悠然见南山”，元稹的“不是花中偏爱菊，此花开尽更无花”，再到苏轼的“荷尽已无擎雨盖，菊残犹有傲霜枝”，菊花被赋予了太多的人文含义，象征孤洁、隐逸、傲寒等品格，也算是中国特有的文化现象了。

“阳秋三绝”——酒、菊、蟹，是很多文人笔下常画的题材。黄永玉先生画的《阳秋三绝》，绿酒瓶、黄菊、红蟹，色泽浓艳，让人过目难忘。汪曾祺先生也喜欢画菊。《汪曾祺书画集》共收录书画作品一百二十余幅，画菊就有五幅。有一幅题曰：“种菊不安篱，任它恣意长。昨夜落秋霜，随风自俯仰。”典型的文人画，画中见人，先生洒脱不羁的个性跃然纸上。还有一幅，只用浓淡墨色，就勾画出金背大红、十丈珠帘、鹅毛、狮子头四种菊花，形神兼备。正是从这幅画中，我知道了菊花有这么多品种。后来在趵突泉公园的菊花展上，还看到了金背大红，这让我特别开心。读书还可多识草木虫鱼，也算“无用之用”了。

重阳节就要到了。九为阳数，九月九又称“重阳”；又因九与“久”谐音，寓意健康长久，所以重阳节又叫“老人节”。时维九月，序属三秋，“落霞与孤鹜齐飞，秋水共长天一色”，三五好友，相约登高，游目骋怀，人生一乐也。“待到重阳日，还来就菊花”“遥知兄弟登高处，遍插茱萸少一人”，重阳节的习俗是登高、赏菊、插茱萸等，相传，“九月九日，折茱萸戴首，可辟恶气，除鬼魅”。三月三出门游玩谓之“踏青”，九月九登高赏红叶，则有“辞青”之深长意味。各种民俗仪式都因于地域，合于时令，是人类与自然的对话，表达祈愿、祝福、庆贺等情感。现代人从中读出的是美，是古人对自然和生命的深情与眷恋。

在济南，每年三月三、九月九都举办千佛山山会。山会一般持续一周左右。由北门进山，山路两侧摊位林立，赶山会的人摩肩接踵，热闹异常，进香祈福、购物、看光景……

逛山会有时能看到平时难得一见的宝贝，我那几个七夕节用来做巧饼的木刻面模，就是山会上淘来的。

国庆节期间，我们回了趟老家。看到玉米都收回家了，各家各户摊得满院子都是，又堆上房顶、窗台，挂到树上。村子里成了玉米的天下。从掰玉米、去皮到脱粒、晾晒，金灿灿的玉米可为北方收获季节代言，诠释着秋收的忙碌、辛苦和踏实。返济时，我们就带回了新磨好的玉米面。从地里收获才几天，就变成餐桌上的食物了，大自然的赏赐，父母的辛苦，都在其中，怎不叫人心怀感恩？

老家有种桃叫“寒露蜜”，也在这个时节收获。这种桃树，四月份开花，九月桃子成熟，生长期长达近半年，营养累积充分，个大、脆甜，风味绝佳。同样晚熟的还有青州蜜桃，以肉细、味甜、色艳（绿中带红）、耐贮存著称。史载青州蜜桃明清被列为贡品，已有450余年的种植历史了。青州蜜桃形圆，原本个头不大，如今都变大了，想来这也是现代农业的成果吧。

菜市场北头那对可爱的夫妇，总是踏着时令的节拍卖蔬果，这时节又开始卖糖炒栗子了。一口铁锅，半锅黑沙，电动炒制，现炒现卖，面、糯、甜、香，吃了直叫人惦记。寒露到了，凉气侵人，一包刚出锅的糖炒栗子让人顿生暖意。

二十四节气
秋

秋词二首（其二）

唐·刘禹锡

山明水净夜来霜，数树深红出浅黄。
试上高楼清入骨，岂如春色嗾人狂。

霜降

草木摇落

“袅袅兮秋风，洞庭波兮木叶下。”

霜降节气到了——在每年的 10 月 23 日或 24 日。

惯性让我又拿起了笔。实在说，一个游走于城乡之间的半个乡下人（或说半个城里人），有什么资格谈节气呢？怎么说都是闭门造车。远离自然、远离农事、蜗居高楼、点灯熬夜，哪一点是按自然节律来的？顶多借此表达一下对自然的向往和倾心。像《瓦尔登湖》的作者梭罗那样，逃离眼前，去做一个自然的人，日出而作、日入而息，自给自足，明月清风来相伴，有几人能如此果决？反正眼下我做不来。关注节气，算是表达一种天人合一、闲适安然的生活梦想吧。

“霜降”，顾名思义，降霜了。树叶经霜打过，水分越来越少，逐渐变色，不再牢固，风一吹，飘然而下。一片叶子，从春天长芽，到夏日葱茏，再到秋日零落、化作春泥，完成一个生命周期。由物及人，怎不让人伤感惆怅？故“悲秋”是这个季节的主调。这悲的不是秋，而是像草木一样的生命啊。刘禹锡偏偏反弹琵琶：“自古逢秋悲寂寥，我言秋日胜春朝。晴空一鹤排云上，便引诗情到碧霄。”无独有偶，诗人毛泽东在《采桑子·重阳》中写道：“一年一度秋风劲，不似春光。胜似春光，寥廓江天万里霜。”这般豪迈者毕竟是少数，更多的人是在阅尽人间诸般滋味后，“却道天凉好个秋”。

霜降是秋季的最后一个节气。露水凝结成霜，天气变冷了，冬天正悄然来临。《月令七十二候集解》：“九月中。

气肃而凝，露结为霜矣。”这在早晨感觉最为明显，草地上不再露水莹莹，而是白霜茫茫了。

“蒹葭苍苍，白露为霜，所谓伊人，在水一方。……”说的正是霜降时节。我对《诗经》起初的印象，就由此诗而来，它一下子就把人带入秋色苍茫的辽阔意境中去了。清人牛运震评此诗：“只两句，写得秋光满目，抵一篇《悲秋赋》。真乃《国风》第一篇飘渺文字。极缠绵，极惝恍。纯是情，不是景；纯是窈远，不是悲壮。感慨情深，在悲秋怀人之外，可思不可言。萧疏旷远，情趣绝佳。”如此诗评，同诗一样耐读。“秋水伊人”一词想来正源于此诗。

这时节最宜登高。济南三面环山，爬山登高最相宜。春山、秋山，山不动，景已殊。黄栌、火炬树、枫树，还有那些叫不上名字的树，各种黄、各种红，各种终极前的绚烂。秋风一吹，叶子沙沙作响，满目衰草离离，怎“萧瑟”二字了得？

“霜叶红于二月花。”同是红，没有一片叶子、没有一个色块的红是相同的，丹青妙手也难以穷尽，所以古人讲求“外师造化，中得心源”。还是要多走进大自然，去接受它的赐予、启示。古往今来的艺术佳作，无论境界大小，无不源于对自然人生的参悟感应。“天苍苍，野茫茫，风吹草低见牛羊”“日月之行，若出其中；星汉灿烂，若出其里”“大漠孤烟直，长河落日圆”，都是大；“山中习静观朝槿，松下清斋折露葵”“细数落花因坐久，缓寻芳草得归迟”，都是小，却都从自然中来。还是迈开脚步，走出家门吧。劈柴、喂马、周游世界，做一个自然的人、幸福的人。

秋已深，虽无缘农事、不事辛劳，却也开始享受丰收的果实——新小米、地瓜、芋头，各种水果……有母亲给的，也有买来的。无论如何，都要爱惜粮食，感恩生活。

雨、露、霜、雪虽然都是由水汽凝结而成，但露和霜却不是从天而降，而是地面空气在一定的自然条件下凝结而成，和空中有云才下雨下雪不一样。“白月光，露结霜”，霜出现在晴天无风的夜晚或清晨。秋天的夜晚没有云彩，地面如同被揭了被，散热很多，温度骤然下降到零度以下，靠近地

面的水汽凝结在溪边、桥头、树叶和泥土上，形成细微的冰针，有的成为六角形的霜花。

从霜降起，到来年“谷雨断霜”，正好半年。也就是说，在黄河中下游平原地带，有霜期整半年。这里气候分明，适宜农耕，节气最早正起源于此。这半年里最可人的是阳光。那天周末我在阳台上晒太阳，莳弄那几盆没啥名堂的花草，有足够的耐心。狗狗小石头也极有趣，向日葵一般，哪里有太阳，它就卧在哪里睡觉。

古人将霜降分为三候：豺乃祭兽，草木黄落，蛰虫咸俯。豺狼将捕获的猎物先陈列后食用，仿佛祭天报本；“霜降杀百草”，严霜打过的草木，水分流失，生机不再，叶落归根；虫儿蛰伏在洞中不动不食。

“风刀霜剑严相逼”，自然的节律既无可抗拒，那就顺势而为、休养生息吧。家中暖气已试水，再过半月余，就要供暖了。秋收已毕，该藏的藏，自然万物都已准备就绪，就要猫冬了。

柿子熟了。经霜的柿子脱尽涩味，入口软甜。柿子缀满枝头，正是晚秋美景。柿与“事”谐音，在文人画家笔下，就有了“事事如意”的美好寄托。

木芙蓉花开在此时。有一年深秋，我在千佛山兴国禅寺东边路北侧曾见过木芙蓉花开，硕大艳丽的花朵，着实令人惊艳。《本草纲目》云：“此花艳如荷花，故有芙蓉、木莲之名。八九月始开，故名拒霜。……苏东坡诗云：‘唤作拒霜犹未称，看来却是最宜霜。’……其干丛生如荆，高者丈许。其叶大如桐，有五尖及七尖者，冬凋夏茂。秋半始着花，花类牡丹、芍药，有红者、白者、黄者、千叶者，最耐寒而不落。不结实。山人取其皮为索。……”若说菊花傲霜，那木芙蓉花直接就是斗霜了。

“荷尽已无擎雨盖，菊残犹有傲霜枝。一年好景君须记，正是橙黄橘绿时。”

霜之肃杀，难掩秋之绚烂。

大自然无往而不美。

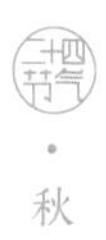

秋

冬

立冬即事二首（其一）

元·仇远

细雨生寒未有霜，庭前木叶半青黄。
小春此去无多日，何处梅花一绽香。

“细雨生寒未有霜，庭前木叶半青黄。”

立冬节气到了。

跟着节气跑了三季，越发感觉，节气是指向未来的，是一场场关于天气和农事的预告。就说立冬吧，已是冬季的开始，可哪里有冬的实质？天气并不寒冷，满树缀锦叠彩，正是深秋最美的光景。

真有幸，生活在这样一个四季分明的地方。春花秋叶，夏雨冬雪，岁月流转，四时交替，心也随着起伏跳动。“万物静观皆自得，四时佳兴与人同。道通天地有形外，思入风云变态中。”宋儒的心态，达观而又自适。我更愿意相信，这是一种修为，一种不同流俗的处世境界。

“碧云天，黄叶地，秋色连波，波上寒烟翠。”这色彩，这苍茫的意境，为北国晚秋所独有，不光养眼，也温润心灵。树上树下，满眼都是五彩的叶子，满耳都是风吹枝叶的萧萧声，心思怎能不为所动？“情不知所起，一往而深……”这是滋长审美细胞的时节吧？

此时最美的树要算银杏。一树金黄，一地金黄，若再逢上晴天丽日，光线从不同角度穿过，比油画都好看。随便哪个角度一拍，就自成美图。仔细看，每棵树的颜色都不一样，各种黄——浅黄、金黄、半青半黄、黄得透明，风一吹，枝动叶摇、沙沙作响，较其他时候别具一种风情。银杏叶子黄了，秋天就要结束了。

在一片秋光中，我看见楼底下有几丛月季花在悄然绽放，

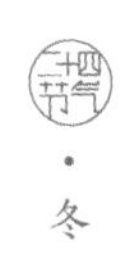

它们是要抓住秋天的尾巴，再绚丽一把？虽名“月季”“月月红”，也只开到晚秋而已。这秋末的月季花娇柔明艳，安安静静地开放，在周围枯索景象的衬托下，越发楚楚动人。

立冬是冬季的第一个节气，在每年11月7日或8日。《说文解字》云：“冬，四时尽也。”过完这个季节，一年就到头了。年年岁岁花相似，岁岁年年人不同。长大了，成家了，为人父母了，人到中年了……被时间的洪流裹挟着，千帆历尽、泥沙俱下，多少情怀、多少滋味，欲说还休。“一切景语皆情语”，谁说不是呢？

古人将立冬分为三候：水始冰，地始冻，雉入大水为蜃。在北方的黄河流域，节气的特点与时令步调一致：此时水面已能凝成冰，大地开始冻结，野鸡“变成”水中的大蛤。“雉”指野鸡一类的大鸟，“蜃”为大蛤蜊。立冬后，野鸡一类的大鸟便见不到了，取而代之的是海边那些大蛤蜊，因外壳的线条、颜色与野鸡的羽毛极其相似，古人便认为“雉”到立冬后就变成大蛤蜊了。古人认为这两种物象会相互转化，这也是一份美丽的误读，从中可读出节气所独有的那份远古的文化气息。

立冬以后，气温逐渐走低。几场降温，草木完全枯黄，叶子落尽，高高低低的树木大多只剩光秃秃的枝丫。原野空旷，大地尽显原始的粗犷简净，渐渐就要进入天寒地冻时刻了。万物收敛、化繁为简，正是冬天的本色。对于古人来说，漫长的冬季也是猫在家中、持静修行的时节。

冬天的关键字是“藏”。《月令七十二候集解》说：“冬，终也，万物收藏也。”“藏”是休养生息，体现了自然的节律。有张有弛、有生有息，乃天地之道。叶落归根，化作春泥滋养大地，以待来年勃勃生发，这是植物界的“藏”。动物界的“藏”便是冬眠了，它们蛰伏洞中，不吃不喝，直到来年阳气萌动将其唤醒。人类的“猫冬”也是“藏”——春耕、夏耘、秋收，忙活了三季，也该歇歇了，享受一年来的劳动果实，休养生息，以待来年。当然，人类的“藏”更具理性，衣食住行都得讲究：庄稼收割了，收仓入库，以备来年之需；

饮食方面要“补冬”，以增强体质，抵御寒冷；供暖了，居室生春，以安顿身心；澡雪精神、修炼自我，也都体现了“藏”之奥义。

“长安一片月，万户捣衣声。”普通人家赶在天冷之前，就把冬衣备下了。记得年少时，每个冬天来临之前，母亲都要翻洗、重做一家人的棉衣。有一年冬天，母亲突发奇想，在给我新做的棉袄里边贴着棉花层附了层软软的塑料薄膜。母亲说这样不透风，更保暖。出乎意料的是，暖是暖了，透气性却不好，早晨我跑步归来，一身汗总是长时间消不了。这是我不能忘却的中学记忆。

史载，立冬之日，天子率百官出北郊迎冬，并有赐群臣冬衣、矜恤孤寡之制。心系百姓冷暖，自古便是考量德政的尺度之一。直到今天，供暖依然是民生大事，每到此时，媒体都少不了对供热的关注。相比那些拾柴火生炉子的日子，如今的冬天好过多了。如果没有久久不散、挥之不去的雾霾，冬天应该是很幸福的。

“文求雅洁，少雕饰，如行云流水。春初新韭，秋末晚菘，滋味近似。”这是汪曾祺应出版社之约给自己的散文集子《蒲桥集》写的“软广告”，可见他老人家对自己的文字多么自信。“秋末晚菘”即立冬时的大白菜。“霜降拔萝卜，立冬起白菜”，立冬过后，经霜打过的白菜收获了，带着初冬的清爽之气，进入寻常人家，变成餐桌上一道道凡常而实在的美味佳肴，滋养身心，温暖一整个冬天。

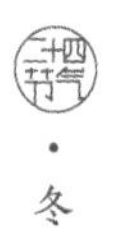

·

冬

问刘十九

唐·白居易

绿蚁新醅酒，红泥小火炉。

晚来天欲雪，能饮一杯无？

小雪

围炉夜话

中学时代读老舍《济南的冬天》，印象深的是这样几句：“最妙的是下点小雪呀。看吧，山上的矮松越发的青黑，树尖上顶着一髻儿白花，好像日本看护妇。山尖全白了，给蓝天镶上一道银边。……就是下小雪吧，济南是受不住大雪的，那些小山太秀气！”这寥寥数语，足见老舍先生对济南的一片温情。20 世纪 30 年代，老舍在济南和青岛两地教书，山东给他留下了美好的印象。除了《济南的冬天》，还留下《济南的秋天》《趵突泉的欣赏》等佳作，对济南极尽赞美之词。想来那时的济南，家家泉水、户户垂杨，古朴静美，的确是配得上这称赏的。

这不，下点小雪的时节，说来就来了。小雪是初雪降临的节气，在每年的 11 月 22 日或 23 日。雨、露、霜、雪虽都是自然现象，成因却不同——露和霜都是由近地层空气中的水汽凝结而成，雨和雪才是真正的降水。小雪节气的到来，意味着降水形式由雨转雪、由液态转化为固态。此时，西北风成为常客，气温逐渐下降到零度以下，然大地尚未过于寒冷，虽开始降雪，雪量却并不大，故称“小雪”，多传神！《月令七十二候集解》曰：“十月中，雨下而为寒气所薄，故凝而为雪。小者未盛之辞。”古籍《群芳谱》中亦云：“小雪气寒而将雪矣，地寒未甚而雪未大也。”

小雪节气以后，黄河中下游地区基本进入冬天模式，由于天空中的阳气上升，大地上的阴气下降，导致天地不通，阴阳不交。小雪三候也与此相关：虹藏不见；天气上升，地

气下降；闭塞而成冬。雨后空中悬浮着的小水滴经日照发生色散、反射而成彩虹，时至“小雪”，空气寒冷干燥，彩虹不现；阴阳不交，万物失去生机，天地闭塞而转入严寒的冬天。在古人看来，“虹乃雨中日影也，日照雨则有之”。由清明时的“虹始见”至小雪时的“虹藏不见”，时间已过去近八个月，一年将尽矣。

冷是冷了，下雪总归是美妙的——不只有草木落雪、远山染白的美学意义，更有净化空气、改善墒情的现实意义。在雾霾时不时光顾、降水普遍偏少的当下，降雪更显得弥足珍贵。“今年麦盖三层被，来年枕着馒头睡”，瑞雪兆丰年啊。下雪了，无论大人还是孩子，都会生出些莫名的兴奋来。走到户外，看看雪，呼吸一下清冷洁净的空气，也是好的。

想来在古代，没有生态失衡，没有温室效应，雪应是下得很大的。“大雪三日，湖中人鸟声俱绝”，痴人张岱乘一叶小舟独往西湖的湖心亭看雪，“雾凇沆砀，天与云、与山、与水，上下一白。湖上影子，惟长堤一痕，湖心亭一点，与余舟一芥，舟中人两三粒而已”。美绝！

下雪天也是朋友小聚的最好由头吧？《世说新语》载：王子猷雪夜访友人戴安道，乘船走了一夜，“经宿方至，造门不前而返”“乘兴而行，兴尽而返”，虽说最终连友人的面都没见上，可飘飘洒洒的雪，确是触发他出门访友的最直接的理由。

“绿蚁新醅酒，红泥小火炉。晚来天欲雪，能饮一杯无？”窗外雪花纷纷，室内围炉夜话，独具一种古雅之美。平常多是略显单调的日子和一波不兴的平淡，若意外落点儿小雪，便可找出足够的理由，小聚一下，东扯西谈，放松身心，谁说不是凡常日子的调味品和一抹亮色呢？

真盼望着来场雪，来场冬天的约会。

小雪封地，大雪封河。小雪过后，气温逐渐降到零度以下，万物都要注意防冻了。那天走在上班的路上，看到园艺工人正在给两旁的银杏树喷洒石灰水。这不仅可以灭虫杀菌，还可反射阳光，减少树木昼夜温差，起到防冻作用，也可防止树干开裂。再过几天，园艺工人大概就要给树干缠上草绳，还要给怕冻的桂花树搭上小草棚以重点防护。

在老家，每到冬日，母亲都要在院中向阳处用玉米秸秆给狗狗搭窝棚，鸡笼上也要盖些旧棉絮之类的以抵御寒冷。楼下拐角处，邻居张老师用塑料泡沫盒子给流浪猫搭了窝棚，夜里就会有猫咪躲在里面取暖睡觉……“天地不仁，以万物为刍狗”，若有爱在，天地也就暖了。

“立冬萝卜，小雪菜。”立冬时节收萝卜，小雪时节收白菜。虽说如今各色菜蔬四季皆有，可萝卜白菜依然是寒冷日子里普通人家的主打菜——有什么能抵得过冬日里的一碗暖心暖肺的白菜豆腐呢？楼下不知是谁扯了绳晒萝卜干。萝卜切片，每片再切成筷子粗的细条，一头并不切断，如此便可挂在绳上。齐齐整整的，有一种宁静度日、时光悠闲的美好。这应是哪家的老人切的吧？生活方式再现代、节奏再快，总会有些传统和古意时不时显现，让人好生感动。这晒在绳上的萝卜干让人恍然跌进久违的慢时光中，这里有妈妈的味道、家的味道。

山东民谚：“小雪收葱，不收就空。萝卜白菜，收藏窖中。小麦冬灌，保墒防冻。植树造林，采集树种。改造涝洼，治水治岭。水利配套，修渠打井。”好一幅热气腾腾的冬日图，劳动人民的勤劳和智慧、浓郁的生活气息，都在其中了。

人们在冬天休养生息，也在冬天准备再出发。

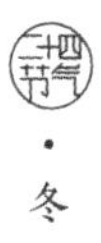
二十四节气
·
冬

长相思·山一程

清·纳兰性德

山一程，水一程，身向榆关那畔行，夜深千帐灯。

风一更，雪一更，聒碎乡心梦不成，故园无此声。

大雪

赏雪风雅

眼看这个冬天过去一个月了，小雪节气已过，可哪里见过一星半点雪花的影子（以济南为准）？虽然说此时下出暖冬的结论为时尚早，但直至动笔时，气温都在十四五度，最低气温没有突破零度，却是实情。那一天我看到，连最易掉的梧桐叶都尚未落尽，换作往年，一夜冷风吹过，第二天早晨树下便会铺一层厚厚的落叶，不过几天工夫，叶子就掉光了。

这个冬天，落叶的过程好像变成了慢镜头，不同的树、同一棵树上不同的叶子，都慢慢飘落，循序渐进，斯斯文文。五角枫、银杏的叶子已落光；杨树上高枝的叶子没了，低处的却还浓密，喜鹊窝从高处光秃秃的枝丫间显露出来；悬铃木顶着一树的枯黄叶子，像历经沧桑的淡定老人，静默地立在路旁，仿佛在等候一场冷空气到来；柳树叶子半青半黄；月季花也开着。这个冬天至今还是晚秋的模样。我所在的小区树种较多，有不少树木还泛着绿意，凋零的迹象似较往年要轻。那天一大早起来遛狗，晨风吹面不寒，枝叶间鸟声啾啾，竟有一种春天来临的错觉。

气候反常，可时令一如既往，“大雪”节气到了。

大雪是冬季的第三个节气，在每年的12月6、7或8日。《月令七十二候集解》曰：“大雪，十一月节。大者，盛也。至此而雪盛矣。”到了这个时节，降雪机会增多，雪量增大，下雪的范围更广了。

大雪时节三候：鹖旦不鸣，虎始交，荔挺出。“鹖旦”

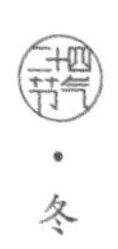

即复齿鼯鼠，因天气寒冷，不再鸣叫；此时阴气最盛，盛极而衰，阳气有所萌动，故老虎开始有求偶行为；“荔挺”，“形似蒲而小，根可制刷”，大雪时节，感阳气而抽出新芽。

就在刚刚过去的周末，下了场小雨，雨丝迷蒙，竟辨不出是雾还是霾。“大雪封河”，按说此时的北方，不会再下雨，而应是“千里冰封，万里雪飘”的景致了。大雪飘飘洒洒，一会儿工夫万物被雪覆盖，天地瞬间变白，何等痛快爽利！冬天就该有个冬天的样子才好。

唐代诗人柳宗元的《江雪》：“千山鸟飞绝，万径人踪灭。孤舟蓑笠翁，独钓寒江雪。”千载虽过，那冰天雪地中垂钓的孤绝意象，读来依然令人动容。美是永恒的、长存的。

一场大雪，换了天地，激发别样的审美情怀。同踏青、听蝉、望月一样，赏雪自古便是应季的雅事。

东晋谢家乃高门大户，出过诸多读书人。下雪天，家中子弟聚在一起，讲论文义，赏雪赋诗。《世说新语》中载："俄而雪骤。公（谢安）欣然曰：'白雪纷纷何所似？'兄子胡儿曰：'撒盐空中差可拟。'兄女曰：'未若柳絮因风起。'公大笑乐。""兄女"即才女谢道韫，书法家王凝之之妻。一家人怡怡乐乐，神态可掬，温情而又风雅。汪曾祺赞《世说新语》："寥寥数语，风度宛然。"诚哉斯言！

《红楼梦》第四十九回、第五十回，一夜雪花飘洒，大观园积雪盈尺，"琉璃世界白雪红梅"，一干衣食无忧、青春靓丽的小儿女，身着锦衣丽服，出门赏雪，迤逦而行，粉妆银砌，那情景想想都美。难怪贾母遥望山坡上的宝琴和丫鬟叹曰：仇十洲的画都不如。不仅如此，一干人乘兴去芦雪庵即景联诗，何等风雅，何等热闹！此时此刻，怎会料到后来的家运凋敝、儿女飘零！这也是雪芹先生的高明处：越是热闹繁华处，越是让人捏着一把汗，提着一口气，仿佛已到了山尖尖，马上就要跌下来。那时节梅花已绽，赏雪、寻梅同时进行，节气应较大雪略晚些吧。

雪是干净圣洁的象征，好多父母给女孩儿起名喜欢带个“雪”字，想来都是此意。说女孩子机灵活泼，好用“冰雪聪明”来形容。冰雪聪明的女孩，林黛玉算一个吧，少女李清照、黄蓉，都应算。想起我家姑娘，上小学五年级时，因为一个阿姨说她长得像八三版电视连续剧《射雕英雄传》里的小黄蓉，加上她爹极力鼓动，激起她看《射雕英雄传》原著的热望，为此我奖励了她一套《金庸全集》。姑娘一发不可收，一口气把金庸的小说看遍，由此作别儿童读物，进入真正的文学世界。这是无论何时想起都感痛快的一件事。

“昔我往矣，杨柳依依。今我来思，雨雪霏霏。”风雪归人的母题，自《诗经》起就已奠定。大雪纷飞，一年将尽，征人望乡，旅人盼归。山路迢迢、风雪弥漫，都阻不断回家的路。“日暮苍山远，天寒白屋贫。柴门闻犬吠，风雪夜归人。”风尘仆仆，归心似箭，哪管天寒屋贫！家，永远都是最温暖的归宿。

就在我写完这篇短文时，冷空气突然造访，气温骤然降至零下七八度，飘了点小雪，也算是初雪吧。不管怎么说，终于有个冬天的样子了。冷风一吹，霾散尽，天放晴。真好！

•

冬

冬至日独游吉祥寺

宋·苏轼

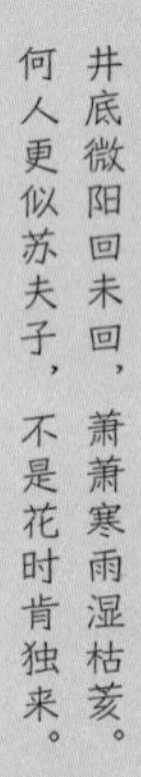

井底微阳回未回，萧萧寒雨湿枯荄。
何人更似苏夫子，不是花时肯独来。

冬至

往家里打电话，跟母亲唠叨，这个冬天不算寒冷。母亲说：不用急，还不到冷的时候，冬至还没到呢。

在母亲这里，节气是常识，总会因时因地随口说出，最自然不过，也最恰切不过。这一点我很服气。母亲的知识源于生活和经验，是贯通的，有根基的。

在我身边，多的是对节气没概念的人。虽说大家都知道“冷在三九”，然而能说出个所以然的人却不多。节气，对多数现代人而言还是疏离的。

冬至在每年的12月21、22或23日。这一天，太阳移至南回归线，北半球的白昼时间最短，太阳高度最低，阳光斜照得最厉害。古人云：阴极之至，阳气始生，日南至，日短之至，日影长之至，故曰“冬至”。留心一下不难发现：正午时分阳光能洒进南边房间一多半；人影树影都一律向北，长长地铺在地上。这都是太阳在南边、日照角度低的证明。

因了这些特点，冬至是最早被确立的节气之一。在古代，先人曾将冬至作为一元复始的起点，要举行盛大的祭祀活动——天子祭天、百官朝贺、百姓祭祖，冬至就是新年之始了。至汉武帝时始用太初历，定正月为岁首，后来有了春节。即便如此，冬至依然是大节，有“冬至大如年”之说，祭天仪式也一直持续到清朝。这一天，漂泊在外的人都要回家，意谓“年终有所归宿”。冬至祭天、夏至祭地，这两个节气都因太阳运行到极致，而被古人赋予更多的人文意蕴，对天地自然的礼敬、对天人合一的追求都在其中了。

老家的习俗，这一天又叫“过冬”，家家户户吃包子。冬天已过半，要为过年做些准备了。母亲说冬至过后要杀羊，因为天冷了，更方便存放了。在济南，冬至习俗是吃水饺，“冬至不端饺子碗，冻掉耳朵没人管”。我也算是半个济南人了，入乡随俗，早就想好这天要包三鲜馅的饺子，正逢周末，可以给上高中住校的女儿送些去。

过去隆重而盛大的冬至节，如今无论在城市还是乡村，都被简化成吃顿水饺或包子了，其他传统节日也大抵如此。可这又有什么办法？历史的车轮滚滚向前，农耕时代的慢生活已经成为过去。人们匆匆忙忙赶路，哪有心思去在意那一个个如期而至的节气呢？

冬至三候：蚯蚓结，麋角解，水泉动。

相传蚯蚓阴屈阳伸，虽说“冬至一阳生”，但阴气仍盛，土中的蚯蚓“交相结而如绳也”。古人察物细微，及至蚯蚓这极不起眼的生物。无独有偶，荀子也曾以蚯蚓打比方，劝人读书：“蚓无爪牙之利，筋骨之强，上食埃土，下饮黄泉，用心一也。”有趣的是，我那自称泛爱生物的女儿，在前不久写下一篇名曰《蚯蚓》的小说，文末自创小诗：“屈于黑暗奈何言？辛苦耕耘人未闻。天降喜雨偶见日，不知命终乐出门。”文中表达了她对蚯蚓的独到感悟和对自然世界的倾心。世间万物一旦被赋予情感和寄托，就变得有意义、有意思了。

麋与鹿同科，却阴阳不同。古人认为麋的角朝后生，属阴，冬至以后阳气渐生，麋有所感而解角，“解”即脱落；与此相对的是夏至“鹿解角”，鹿角朝前生，属阳，感阴气而解角。节气就是这般神奇，它潜藏了古人破译天地自然奥秘的密码。

阳气初生，地底下的泉水涌动加快了。济南是泉城，泉群众多，冬至时分，很多泉池表面都汩汩地冒着热气。

“数九寒天”始于冬至。在古代，人们居住和保暖的条件都十分简陋，冬天的日子是难挨的。如何消磨这漫长难耐的冬日？那就数着日子过吧，“数九”之法即源于此。在中国传统文化中，“九”为极数，乃最大、最多、最长久的概念。

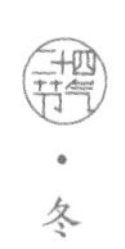

九个九即八十一，古人认为熬过了这冬至后的九九八十一日，春天定然会到来。“数九”之举，实乃变被动为主动，化枯燥为有趣，是对无聊的对抗，对春天的期盼，所以“数九”又有“逍遥”之谓。

《九九消寒图》也出于同理：画素梅一枝，枝上画梅花九朵，每朵梅花九个花瓣，共八十一瓣，代表“数九寒天”的八十一天；每朵花代表一个“九”，每瓣代表一天，每过一天就用颜色染上一瓣，染完一朵，就过了一个“九”；九朵染完，就出了“九九”。九尽桃花开，春归矣。一个“消”字，既表消磨时光，更有借绘画排遣寒冷寂寞的意思。在困厄中保持宁静，谁说这不是对意志和修为的磨炼？一天只画一瓣，凭的是耐心和静气。《消寒图》是寒苦日子里的诗意和雅兴，它让等待、期盼变得不再单调无趣，让苦熬变成了一种美好。

“一九二九不出手，三九四九冰上走。五九六九，沿河看柳。七九河开，八九雁来。九九加一九，耕牛遍地走。”这朗朗上口的《九九歌》，不只是古人对气候、物候的体悟观察，还有古人在寒苦日子中的煎熬、隐忍与期盼啊。九九数尽春归来，多么令人感奋。“数九”里面寄寓了古人隐忍静修的生活哲学与圆融达观、顺应自然的人生智慧。

夏尽秋分日，春生冬至时。无论何时都要心怀希望。

寒冬熬过，春满枝头！

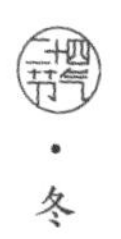

·

冬

咏廿四气诗·小寒十二月节

唐·元稹

小寒连大吕，欢鹊垒新巢。
拾食寻河曲，衔紫绕树梢。
霜鹰近北首，雊雉隐丛茅。
莫怪严凝切，春冬正月交。

小寒

树是从啥时变成这模样的？挺拔的主干，光秃秃的枝丫，粗细不一的线条……仔细端详，冬天的树很好看，每一棵都是一幅淡墨图。我喜欢冬天的树，曾为它写过一首小诗：

冬天的树

掉光了叶子

在冷风中沉默

独立是它永远的姿势

那是自然绘就的

一幅中国画

清瘦冷逸是它的风格

蓝天作背景

枝丫是线条

残存的叶子是轻轻的晕染

喜鹊的暖巢是浓抹的重彩

小鸟叽喳是温暖的色调

冬天的树

绝不自弃

在寂寞中坚持

在沉默中积蓄

东来的信使一到

便换成五彩的锦裳

把春天和自由欢唱

冬天的树

耐人寻味

这样的树，若再配上湛蓝的晴空，清冷的空气，就是冬天合该有的样子了。可这冬日清景仅限于冷空气到来的三两天内，冷空气过后，便是那不清不爽的雾霾天，实在叫人提不起精神来。

大雪纷飞，天寒地冻，滴水成冰，这十足的冬天味道如今总是难觅。小寒节气已到，今冬的济南，却连一场像样的大雪都没下过，实在叫人等得心急。

小寒在每年的1月5、6或7日，是冬季的第五个节气。《月令七十二候集解》：“小寒，十二月节。月初寒尚小，故云。月半则大矣。”

“小寒”虽“小”，却是一年当中最寒冷的日子。俗语说“冷在三九”，这“三九天”就在小寒节气里。据我国气象资料记载，小寒是气温最低的节气，只有少数年份的大寒气温低于小寒，故民间有“小寒胜大寒”之说。

这是因为气温回升是个缓慢的过程，冬至之后，太阳高度角虽渐渐变大，但气温不会马上升高，每天散失的热量仍旧大于接收的热量，呈现“入不敷出”的状况。到了“三九天”，积热最少，温度最低，天气也就冷至极点。待过了这个“冷峰”，天气才会逐渐回暖。

虽是最冷时刻，可太阳已南移，阳气萌动，“禽鸟得气之先”——禽鸟已敏锐地捕捉到这一信息，并付诸行动了。和白露一样，小寒节气的三候全以鸟类为标识：雁北乡，鹊始巢，雉始雊。大雁开始北迁，喜鹊开始筑巢，野鸡开始求偶鸣叫。春天的信息已然在凛冽寒气中酝酿和表露了。

大雁南来北往都按时令，这成为古人判断节气的重要依据。《月令七十二候集解》中，有四个节气提及大雁，这是其他鸟类所没有的“殊荣”。从小寒时节“雁北乡”（启程北归），雨水时节“雁北归”（成队归来），到白露时分的“鸿雁来”（开始南返），再到寒露时节“鸿雁来宾”（最后一批大雁飞往南方），可以推算出，大雁在北方半年有余，在南方呆四个月，剩下两个月就是在千里迢迢的飞行途中了。

在北方的这半年，大雁要完成生儿育女、繁衍种族的使命。为了在天气变暖时赶到，它们冒着严寒，毅然北返，鼓翅远行几千公里，耗时一个多月，到达北方时正是雨水时节，春天已然来临。这般未雨绸缪、果决坚毅，着实有些悲壮的意味。雁犹如此，人何以堪！

雨水时节大雁归来的时间，和《九九歌》中的“八九雁来”的时间惊人地一致！这实在太玄妙了。大雁的行止在不同的参照系里达成一致，再次印证了古人智慧之博大，体察自然之精准。

与大雁南来北往不同，喜鹊是留鸟，它们一年到头待在同一个地区，喜欢与人比邻而居。古人视喜鹊为吉祥的象征，时常将其入画。画两只喜鹊，题曰“喜相逢”“双喜图”；画梅花和喜鹊，则题“喜上眉（梅）梢”“喜鹊闹春”等等。这也是中国特有的文化了。据说喜鹊筑巢要花三四个月时间，所以早早就开始动工了。它们上下翻飞，衔来树枝和软泥、绒毛等细物，精心搭建窝巢，为产卵、孵育幼鸟做准备。这些超前的努力、寒苦中的坚持，怎不叫人怦然心动！

记得以前在老家听人说起过，小麦、大蒜等越冬作物，严寒时节看上去零落不堪、毫无生机，实际上它们并未停止生长，而是往深处扎根，积蓄能量。所以这些作物栽种要适时，太早长过了劲儿，太晚没扎下根，来春生长乏力。就像那些冬天的树，看上去萧索寂寥，却是在沉默中蓄积力量，为春天的蓬勃生长做着准备。

“小寒连大吕，欢鹊垒新巢。”“大吕”原指古代乐律，这里指腊月。小寒没几天，腊八节就到了。“小孩小孩你别馋，过了腊八就是年。……”腊八节就是农历新年的前奏了。生活再忙碌，那碗腊八粥照例还是要煮的。要有仪式感，要在节日中放慢生活的节奏，这也是传统节日的现代意义吧。腊八节还有个习俗是腌腊八蒜，我和母亲都会腌。三个周即成，颜色翠绿，蒜辣醋酸，风味独具，是吃年夜饺子的最佳搭档。让人百思不得其解的是，我的手艺总逊于母亲——母亲轻易就能腌出翠绿色、颇具风味的腊八蒜来，可我却任凭怎么折腾都腌不到好处。为此，我专门用了同样的蒜、同样的醋，可还是出不来同样的色泽和口味——按说只有环境、温度的差异——老家温度要低些，可我冰箱放了，室外窗台放了，阳光也晒了，终究还是不成，实在闹不清这是什么道理。一罐腊八蒜的玄妙，足以解释手工制品独特的价值了，这种分寸不是流水线的机器作业所能拿捏的，这也是如今老味道难觅的主因了。

千佛山上的蜡梅开了，老远就能闻见丝丝缕缕的香气。待走近才发现，开的只是少数，更多的是含苞待放。花骨朵缀在枝头，欲绽未绽，娇黄明丽，的确有种“蜡”的质感——这是蜡梅之名的由来。《本草纲目》载：“此物本非梅类，因其与梅同时，香又相近，色似蜜蜡，故得此名。”又因开在腊月，“蜡梅”也常被写作“腊梅”。其实蜡梅的花期很长，能持续两三个月，并不只在腊月开。

蜡梅凌寒开放，是小寒时节最具代表性的花。它历经霜打雪侵、苦寒相逼，芳香格外浓郁动人。艰难困苦、玉汝于成，也正是同理。

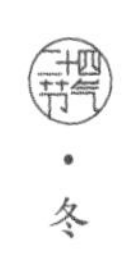

冬

悟道诗

宋·某尼

尽日寻春不见春，芒鞋踏遍陇头云。
归来笑拈梅花嗅，春在枝头已十分。

大寒

大寒是二十四节气中的最后一个，在每年的 1 月 20 日或 21 日。大寒一到，年根就到了。

大寒时节，风大，低温，天寒地冻。不过，明显感觉白天时间变长了。仔细看，春气已萌，草木都渐露生机：玉兰鼓起毛茸茸的花苞，迎向蓝天，“木笔书空”；迎春、樱花的花苞也很明显了。一场声势浩大的万紫千红正在酝酿中。

古人这样描述大寒三候：鸡始乳，征鸟厉疾，水泽腹坚。

母鸡已感知到气温变暖的趋势，开始下蛋孵卵；鹰、隼等猛禽正处于捕食能力极强的状态，盘旋于空中到处寻找食物，以补充身体的能量，抵御严寒；冰冻三尺非一日之寒，经过一整冬、近百天的积累，水面冰层已经达到最厚。

寒到极致便接近尾声。从大寒到立春，对应的是四九的后半部和五九的全部，“五九六九，沿河看柳”，这个时节，杨柳初黄，就大有看头了。“春打五九尽，春打六九头”，到了立春，大自然新一轮循环就开始了。

大寒前几天，放寒假了。我独自一人回了趟老家。正逢冷空气到来，老家格外冷。天蓝得无法形容，没边没沿的，不着一丝儿云彩，那么干净透彻，让人直想掉泪。冷风从村外的田野刮过来，穿过胡同，没遮没拦的，吹得光秃秃的树梢呜呜响。天冷，村子里不见人影，各家门前零乱堆放的柴火透出浓郁的烟火气息。这一切，熟悉又陌生。年迈的双亲，长年住在这里。我已半年没回家了……

家中安了两个炉子：大的，可烧暖气；小的，连着炕。

可父母只生了小的炉子，暖气是凉的。我问怎么不烧暖气，父母都说，一点不冷，炕热着呢。可我穿了平时不穿的最厚的衣服，还是觉得冷。父亲便打开空调。我不回家，空调也是不开的。天这么冷，母亲也不闲着，喂鸡喂狗，里里外外忙活。我摸了摸母亲的手，热乎乎的。

跟父亲聊天，说起即将参加高考的女儿。父亲叮嘱我："一定不要给她压力，有多大本事干多大活。一个萝卜一个坑，老天不会辜负努力的人。"我明白父亲的意思。

父亲闲时爱看历史故事。桌子上摆着小弟给他买的《中国通史》。随手写字的纸上，写的是《三国演义》开篇词："滚滚长江东逝水，浪花淘尽英雄……"父亲是地道的农民，可我始终认为他有文艺天分，只是命运没有给他机会。他爱好写字、画画，画的小鸟、蚂蚱等都很生动，这让我们这些儿孙辈都自叹不如。父亲常说自己"心里有"。父亲说白居易的"离离原上草，一岁一枯荣。……"他早年就会，但下半部分刚能背过，花了一个星期才记住。他背给我听："远芳侵古道，晴翠接荒城。又送王孙去，萋萋满别情。”父亲的这些言行就和他整天种地、喂羊一样自然，也和谐也不和谐，杂糅在他身上，常让我觉得不可思议和有趣。这个老头儿，好像已把那些为养家糊口讨生活的苦日子忘了，剩下的是自足安乐和依然闲不住的勤劳。

姑姑听说我回家，也来了。她买了四根冰糖葫芦（家里人叫糖球），还带来一袋她自个儿晒的桑葚仁，说给我吃。我的姑姑，她还把我当小孩子。可她已近七十岁，而我已人到中年。

这就是我的家，我的父母亲人，我心里的牵挂。

家人围坐，灯火可亲。天寒地冻，家中温暖。

年幼时，天寒屋冷，睡觉前，母亲都先给我们暖被窝。早晨怕冷不起床，母亲就先把棉衣放在灶火前烤一烤，再让我们穿衣起床。

四十年前的冬天，真有冬天的样子。到处冰天雪地的，雪化后屋檐上的冰锥有一尺多长，湾里河里都结了厚厚的冰。

“三九四九冰上走”，毫不为过——这在如今好像并不常见。那时孩子们也不怕冷，成天在冰上玩，滑冰，抽陀螺。在冰上抽陀螺是很好玩的。轻轻一抽，陀螺转得飞快，好长时间不倒。

小寒大寒，冻作一团。那时好像并没有冻作一团。无论大人孩子，好像并未因天冷而缩手缩脚，因为生活要继续，日子要过下去。记得那时父亲常冒着严寒去赶集卖菜，对生活的信心，就在那些坚持和努力中。

这是我记忆中的寒冬。

后来我和小弟先后上了县一中。我读高三，小弟读高一。学校离家四十里路，每四周回家一次。高中最后一年，我们一起上学、回家，骑一辆自行车。弟弟载着姐姐,飞奔在乡间公路上。学校唯一的楼房是教学楼。楼外东北角有自来水管。由于背阴，自来水管周围常结着厚冰。高三那年冬天，记得临近寒假了，有一天我吃完饭匆匆往教室赶，却突然看见小弟和另一个男生在自来水管处洗衣服。那么冷的天，小弟的手冻得通红。我真心疼，想过去帮他洗，可还有他的同学在。我心一横，走向教室，把小弟留在冷风中。可那双冷风中的手，多少年来我一直记得。

半年后我上了大学。两年后的夏天，小弟也接到了大学的录取通知书。那一刻我趴在他肩头泪水狂流。那年我刚满二十岁，突然明白了一个词儿——喜极而泣。

那些苦涩的日子，青春的日子，闪着光亮的日子，都一页页翻过去了。

就这样，我和小弟都离开了家，把父母留在家里。我们也都如候鸟一般，奔波往返在城乡之间。就像放出去的风筝，飘摇在各自的世界里；每逢年终岁尾，就都汇集到往家赶的人潮中。

谁的人生不是在生活的风里浪里摸爬滚打呢？

心头浮起那首歌：

真情像草原广阔

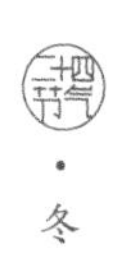

层层风雨不能阻隔

总有云开日出时候

万丈阳光照耀你我

真情像梅花开过

冷冷冰雪不能淹没

就在最冷枝头绽放

看见春天走向你我

…………

后记

这些美好被我珍藏

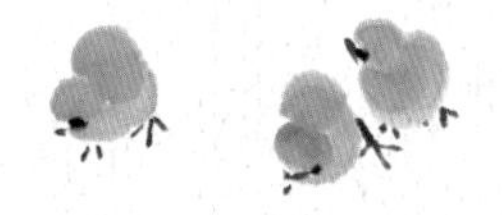

二十余篇“节气记”写于2018年。对一个生活在城里、蜗居高楼、点灯熬夜、不务农事的人来说，实在没啥资格谈节气。顶多说，是借此表达一下对按节律生活的向往和对自然的倾心，“久在樊笼里”“性本爱丘山”嘛。

于是每到一个节气，便做些记录，目之所见、耳之所接，温度变化、雨雪阴晴、果蔬上市、鸟兽行迹等等，笔下不外是这些。随记也随发到微信朋友圈中。连着发了几次，便引起一些朋友的关注，他们点赞、询问，鼓励有加。自己仿佛也来了劲儿，半月一记的“节气记”，硬是坚持下来，遂有了这本小书的雏形。

这个过程持续一整年，是对以往生活经验的激活，也敦促我用心观察身边风物，体悟农耕时代先人顺其自然的生命智慧和天人合一的生活理想。

这个过程也促使我阅读了一些相关的书——《诗经》《离骚》《礼记》《长物志》《闲情偶记》《花镜》等，还买了两部大书——《本草纲目》和《植物名实图考》，虽只是大致翻阅，却能感受到其中的精深广博，创作者一生做成一事的执着与专注令人感佩。

节气令人着迷，节气也把我带进一个博大宏阔的世界，对节气的探究还在路上。

在这个过程中最要感谢的是高邮市文联主席赵德清先生。德清主席是"汪迷部落"微信公众号的创办者、当家人，我因爱读汪曾祺，在2016年创群之初就加入了，所写几篇"读汪记"也有幸发表在汪迷部落公众号。大约是从谷雨节气起，"节气记"系列也蒙公众号首发。有这样大的平台，更有德清主席的"等"和"催"，我自然不敢太随意，更不敢半途撂挑子。记得冬至节气，头一天半夜才交稿；还有不记得是哪个节气了，是节气当天下午才交稿。我快坚持不下去的时候，德清主席却没放弃，都说"在等"，或说"明天给我也行"。交稿后平台立即更新推送，而这完全不是公众号正常的推送节奏，这不知花费了德清主席多少时间和精力，每思及此都感汗颜。如果没有德清主席的支持，我多半坚持不到最后。

东北师范大学文学院教授徐强先生则鼓励说，这类话题正是他们创意写作课的部分主题，可供学生们参考。他鼓励我坚持写下去，并友情赞助大量资料。徐老师所藏颇丰，不只节气系列，我之前写作《读汪记》也从中受惠多矣。

嗜书藏书、眼睛雪亮的居永贵先生，曾直言批评，让我在后续写作过程中有所反思，下笔时努力做到“以我手写我心”、言之有物，不流于空疏……

还有身边众多朋友、同事，每篇写毕，他们是最热心的读者，他们的点赞和鼓励也是我坚持下去的动力。

杨鹁老师的系列节气插画为本书增辉提色。虽生活在同一座城市，但我跟杨老师并不认识。第一次知道他的大名是看到好友收藏的他的画作，叫《松荫雅集图》，很喜欢。不料此番会在书中有这样的“相遇”，深叹缘分之奇妙，更心存谢意。

感谢齐鲁工业大学的袁朝霞老师，她在百忙之中为本书题写书名。袁老师说写字首要打开胸怀、表达自己，这也让我深受启发……

感谢青岛出版社副总编辑刘蕾女士，几乎每篇节气记都蒙她点赞转发。此系列得以出版，并以这样图文并茂的形式呈现，更得益于她及她所带领的晓童书团队的鼎力支持和为之倾注的智慧、汗水。

这些美好像节气一样自然而来，让我铭记，让我珍惜。

2021 年 12 月 21 日